Mohammed Hazan
Anass Knidiri Ahmed

Guide de compensation des postes sources MT/BT

Mohammed Hazan
Anass Knidiri Ahmed

Guide de compensation des postes sources MT/BT

Éditions universitaires européennes

Impressum / Mentions légales
Bibliografische Information der Deutschen Nationalbibliothek: Die Deutsche Nationalbibliothek verzeichnet diese Publikation in der Deutschen Nationalbibliografie; detaillierte bibliografische Daten sind im Internet über http://dnb.d-nb.de abrufbar.
Alle in diesem Buch genannten Marken und Produktnamen unterliegen warenzeichen-, marken- oder patentrechtlichem Schutz bzw. sind Warenzeichen oder eingetragene Warenzeichen der jeweiligen Inhaber. Die Wiedergabe von Marken, Produktnamen, Gebrauchsnamen, Handelsnamen, Warenbezeichnungen u.s.w. in diesem Werk berechtigt auch ohne besondere Kennzeichnung nicht zu der Annahme, dass solche Namen im Sinne der Warenzeichen- und Markenschutzgesetzgebung als frei zu betrachten wären und daher von jedermann benutzt werden dürften.

Information bibliographique publiée par la Deutsche Nationalbibliothek: La Deutsche Nationalbibliothek inscrit cette publication à la Deutsche Nationalbibliografie; des données bibliographiques détaillées sont disponibles sur internet à l'adresse http://dnb.d-nb.de.
Toutes marques et noms de produits mentionnés dans ce livre demeurent sous la protection des marques, des marques déposées et des brevets, et sont des marques ou des marques déposées de leurs détenteurs respectifs. L'utilisation des marques, noms de produits, noms communs, noms commerciaux, descriptions de produits, etc, même sans qu'ils soient mentionnés de façon particulière dans ce livre ne signifie en aucune façon que ces noms peuvent être utilisés sans restriction à l'égard de la législation pour la protection des marques et des marques déposées et pourraient donc être utilisés par quiconque.

Coverbild / Photo de couverture: www.ingimage.com

Verlag / Editeur:
Éditions universitaires européennes
ist ein Imprint der / est une marque déposée de
OmniScriptum GmbH & Co. KG
Bahnhofstraße 28, 66111 Saarbrücken, Deutschland / Allemagne
Email: info@omniscriptum.com

Herstellung: siehe letzte Seite /
Impression: voir la dernière page
ISBN: 978-3-8417-9409-3

Copyright / Droit d'auteur © Mohammed Hazan, Anass Knidiri Ahmed
Copyright / Droit d'auteur © 2015 OmniScriptum GmbH & Co. KG
Alle Rechte vorbehalten. / Tous droits réservés. Saarbrücken 2015

بسم الله الرحمان الرحيم

سبحانك لا علم لنا إلا ما علمتنا إنك أنت العليم الحكيم

صدق الله العظيم

Dédicace

Je remercie Dieu le tout puissant, il était toujours près de moi, il m'a jamais laissé tomber.

A mes très chers parents,

La source de la force, qui m'a permise d'endurer toutes les difficultés, de surmonter tous les défis, et de surpasser soi dans le but de réaliser mon rêve d'enfance.

Cette réussite c'est la vôtre, c'est vous qui méritent d'être félicités, non moi. J'espère être à la hauteur de l'image que vous avez de moi.

A mes sœurs Safa et Ouissal, pour leur soutien et confiance.

A ma très chère grande famille, pour leur soutien et encouragement.

A mes très chers professeurs, pour leurs efforts innombrables en notre faveur.

A tous mes amis et collègues (Amine, Réda, Soufiane, Simo, Marouane, Majid …)

ANASS AHMED

Remerciements

De prime abord, nous adressons nos sincères remerciements à nos encadrant M. AKHERRAZ et M. MAHMOUDI pour leur disponibilité, leurs conseils judicieux, leurs critiques constructives, ainsi que leur grand soutien pour pouvoir mener à terme ce travail ;

Nous présentons également l'expression de notre profonde et sincère gratitude à notre encadrant M. ETTOUHAMI, directeur régional de l'ONE Settat, pour avoir contribué en grande partie à l'élaboration de ce travail ;

Nous remercions chaleureusement tout le personnel de l'AD Casablanca pour leur hospitalité durant la période de notre projet ;

A l'ensemble du corps professoral du département génie ELECTRIQUE pour leurs efforts qu'ils ne cessent de déployer afin de nous assurer la meilleure formation ;

Et enfin que Messieurs les membres du jury trouvent ici l'expression de notre reconnaissance d'avoir bien voulu partager leurs expériences et compétences afin d'évaluer ce travail.

Résumé

Le principal souci d'un distributeur d'énergie électrique est le bon fonctionnement du réseau qu'il contrôle tout en assurant la qualité et la continuité de service.

Notre étude consiste à compenser l'énergie réactive sur le réseau MT du territoire de la direction régionale de Casablanca, en adoptant la démarche suivante :

- Evaluer le besoin local en énergie réactive, en analysant l'état actuel du réseau ;
- proposer les solutions technique et économique adéquates.

Abstract

The main concern of a distributor of electric power is the proper functioning of the network under its control while ensuring quality and continuity of service.

Our study is to compensate reactive power on the MT network of the territory of the regional branch of Casablanca, by adopting the following approach

- Evaluate the need for local reactive power, by analyzing the current state of the network.

- propose appropriate technical and economic solutions.

ملخص

إن أهم مشاغل الموزع الكهربائي هي توفير طاقة كهربائية متواصلة و ذات جودة عالية.

تهدف الدراسة التي قمنا بها الى تعويض طاقة تفاعلية شبكة توزيع الكهرباء ذات الجهد المتوسط لمنطقة الدار البيضاء، و ذلك كما يلي:

ـ تقييم الحاجة الموضعية إلى الطاقة و ذالك عن طريق تحليل دقيق للحالة الآنية لشبكة توزيع الكهرباء.

ـ اقتراح الحلول التقنية و الاقتصادية المناسبة.

Table de matières

TABLE DE MATIERES 1

LISTE DES FIGURES 5

LISTE DES TABLEAUX 7

INTRODUCTION GENERALE 8

CHAPITRE 1 : PRESENTATION DE L'ORGANISME D'ACCUEIL

Introduction 10
1. Présentation de l'Office Nationale de l'Electricité 10
2. Structure générale 10
3. Présentation de la direction régionale de Casablanca 12
4. Présentation de la division exploitation et distribution 12
5. Présentation de l'agence de distribution de Casablanca 13

Conclusion 14

CHAPITRE 2 : INFLUENCE DE LA CIRCULATION DE L'ENERGIE REACTIVE SUR LE RESEAU

Introduction 15
1. Energie active et réactive 15
    1.1. Nature des énergies actives et réactives 15
        1.1.1. Energie et puissance actives 15
        1.1.2. Energie et puissance réactives 16
        1.1.3. Puissance apparente 16
        1.1.4. Composante active et réactive du courant 17
2. Dualité (P, f) et (Q, V) 17
    2.1. Généralité 17
    2.2. Réglage de la fréquence et de la puissance active 18
    2.3. Réglage de la tension et de la puissance réactive 18
        2.3.1. Pourquoi régler la tension 18
        2.3.2. Stabiliser la tension en gérant l'énergie réactive 19
3. Energie réactive et pertes dans le réseau de distribution 19
    3.1. Pertes générales 19
    3.2. Taux de pertes 20
    3.3. Pertes joules et Surcharges sur les lignes................................20
        3.3.1. Pertes joules 20
        3.3.2. Surcharges des câbles 20
4. Disfonctionnements liée à la tension 23

4.1. Chute de tension 23
    4.1.1. Conséquence des chutes de tension 23
    4.1.2. Calcul de la chute de tension 24
4.2. Creux de tension 26
4.3. Surtension 27
    4.3.1. classification des surtensions 27
        4.3.1.1. Manœuvre sur le réseaux 27
        4.3.1.2. surtension temporaire......................................27
Conclusion 28

CHAPITRE 3 : SITUATION ACTUELLE DU RESEAU MT

Introduction 29

1. Présentation 29
2. Frontières du réseau de distribution......................................30
3. Règles adoptées par l'ONE..30
4. La structure du réseau MT de l'ONE...................................30
    4.1. Structure des postes HT/MT..31
    4.2. Transformateurs de puissance......................................31
        4.2.1 Généralités...31
        4.2.2. Caractéristique du transformateur.......................32
        4.2.3 Différents régimes de surcharges affectant les transformateurs.........32
        4.2.4 Surcharge et durée de vie du transformateur de puissance...............33
        4.2.5 Prise en compte des surcharges.........................33
        4.2.6 Condition de marche en parallèle 35
        4.2.7 Chute de tension dans les transformateurs............36
        4.2.9 Puissance réactive consommé par le transformateur.....................37
    4.3. Les postes MT/BT 38
    4.4. Les départs MT...39
        4.4.1 Les réseaux souterrains....................................39
        4.4.2. Les réseaux aériens...40

5. Calcul des pertes techniques..41

    5.1. Pertes totales 41
    5.2. Pertes joules et chutes de tension 41
    5.3. Calcul du courant maximal débité par départ 42

6. Facteur de puissance des postes HT/MT et des départs de la DRC....................43

    6.1. Facteur de puissance 43
    6.2. La valeur tg φ 43
    6.3. Facteur de puissance F et cos φ en présence d'harmoniques....................44
    6.4. Taux de distorsion...44
    6.5. Elimination des harmoniques 45

6.6. Calcul du facteur de puissance (cos(φ))...............45
Conclusion 47

CHAPITRE 4 : ETUDE CRITIQUE ET ANALYSE DE L'ETAT ACTUELLE

Introduction 48

1. Loi de Pareto – méthode ABC...............48
   1.1. Objectif...............48
   1.2. Méthodologie – démarche...............48
   1.3. Application de cette loi à notre cas...............49
      1.3.1. Tableau de donnée (METHODE ABC) 50
      1.3.2. Représentation graphique des résultats: courbe ABC...............51
      1.3.3. Interprétation de la courbe...............51
      1.3.4. Pertes en puissance active dans les transformateurs...............54
2. Analyse du Poste TIT MELLIL...............55
   2.1. Industrie installée dans la zone de TIT MELLIL 55
   2.2. Evolution de la demande en P et Q 55
   2.3. Evolution du cos φ 56
3. Analyse du poste ZENATA...............57
   3.1. Industrie installée dans la zone de ZENATA 57
   3.2. Evolution P et Q 58
   3.3. Evolution de cos phi 59
4. Analyse des pertes et surcharges...............60
   4.1. Perte joule 60
   4.2. Chutes de tension...............60
   4.3. Surcharges des câbles et transformateurs 61
      4.3.1. Transformateurs 61
      4.3.2. Câble 61

Conclusion...............61

CHAPITRE 5 : SOLUTION TECHNIQUE ET RECOMMANDATION

Introduction 62
1. Système de compensation de l'énergie réactive 62
   1.1. Compensation de l'énergie réactive en utilisant le Compensateur synchrone.62
      1.1.1. Généralités...............62
      1.1.2. Fonctionnement des quatre quadrants...............63
   1.2. Compensation de l'énergie réactive par les systèmes FACTS...............65
      1.2.1. Introduction...............65
      1.2.2. Compensateurs parallèles...............65
         1.2.2.1. Compensateurs parallèles à base de thyristors...............65
         1.2.2.2. Compensateurs parallèles STATCOM...............67
2. Comparaison entre la compensation par batterie de condensateur en HT, MT et BT..71
   2.1. Compensation de l'énergie réactive en BT...............71
   2.2. Compensation de l'énergie réactive en MT...............71
   2.3. Compensation de l'énergie réactive en HT...............73
3. Utilisation des Batterie de condensateur...............74

Table de matières

3.1. Calcul de la puissance réactive à installer 74
3.2. Les différents types de montages des batteries 75
3.3. Fractionnement des batteries de condensateurs en gradin 78
    3.3.1 Equipement des postes en batteries de condensateurs............78
    3.3.2 Fractionnement en gradins............78
3.4. Dimensionnement de l'inductance de choc 79
    3.4.1. Rôle de l'inductance de choc............79
    3.4.2. Tableau de valeur............79
3.5. Installation des inductances anti-harmonique 80
3.6. Protection des batteries de condensateurs 82
    3.6.1. Protection de l'installation............82
        3.6.1.1. Surcharge............83
        3.6.1.2. Surtension............83
        3.6.1.3. Court-circuit............83
        3.6.1.4. Protection contre les défauts internes............83
        3.6.1.5. Protection des gradins par fusible............85
3.7. Relais varmétriques de commande 85
    3.7.1. Installation............85
    3.7.2. Détermination du courant de réponse............86
    3.7.3. Programmes de régulation............87
3.8. Exploitation des batteries de condensateurs 88
    3.8.1. Mise en service............88
    3.8.2. Manœuvres à effectuer pour accès à la batterie de condensateurs............88
3.9. Maintenance des batteries de condensateurs 89
    3.9.1. Visites d'exploitation............89
    3.9.2. Maintenance des unités condensateurs............89
    3.9.3. Gestion des défauts 90
    3.9.4. Remplacement d'un condensateur............90
    3.9.5. Elaboration d'une fiche de maintenance préventive............91
4. apport de la compensation de l'énergie réactive 93
4.1. Diminution de la chute de tension dans les postes sources............93
4.2. Accroître la puissance disponible au secondaire du transformateur............93
Conclusion............94

5. Etude technico-économique 95
5.1. Gain après la mise en place des solutions 95
5.2. Evaluation du cout des investissements 95
5.3. Délai de retour d'investissement 96

6. Recommandation 97

CONCLUSION GENERALE 98

BIBLIOGRAPHIE............99

ANNEXES............100

Liste des figures

Fig.1.1 : structure générale de l'ONE...........11

Fig.1.2 : direction du pôle réseau...........11

Fig.1.3 : direction régionale de Casablanca...........12

Fig.1.4 : organisation de la division Exploitation et distribution...........12

Fig.1.5 : organisation de l'agence de distribution de Casablanca...........13

Fig.2.1 : diagramme vectoriel des puissances...........16

Fig.2.2 : diagramme vectoriel des courants...........17

Fig.2.3 : Modèle en Π de la ligne...........22

Fig.2.4 : schéma de calcul de la chute de tension...........24

Fig.3.1 : Repérage géographique des postes sources de la région de Casa...........29

Fig.3.2 : Schéma unifilaire d'un poste HT/MT de l'ONE...........31

Fig.3.3 : surcharges cycliques du transformateur immergé...........34

Fig.3.4 : surcharges brèves du transformateur immergé...........34

Fig.3.5 : schéma unifilaire du réseau MT souterrain de l'ONE...........39

Fig.3.6 : Schéma unifilaire d'un réseau MT aérien de l'ONE...........40

Fig.4.1 : courbe représentative de la méthode ABC...........51

Fig.4.2 : évolution de P et Q dans le poste TIT MELLIL...........56

Fig.4.3 : évolution du cos φ du poste TIT MELLIL...........56

Fig.4.4 : évolution du max et min du cos φ du poste TIT MELLIL...........57

Fig.4.5 : évolution de P et Q dans le poste de ZENATA...........58

Fig.4.6 : évolution du cos φ du poste de ZENATA...........59

Fig.4.7 : évolution du max et min du cos φ du poste ZENATA...........60

Fig.5.1: Schéma d'alimentation d'un réseau électrique avec un compensateur synchrone...........63

Liste des figures

Fig.5.2 : diagramme de Behn-Eschenbourg………………………………………..…………...…..64

Fig.5.3 : caractéristique du SVC……………………………………………………………………..66

Fig.5.4 : schéma de positionnement du SVC sur le jeu de barre MT……………………….66

Fig.5.5 : Schéma du STATCOM…………………………………..…………………………….67

Fig.5.6 : caractéristique du STATCOM…………………………………………………...……71

Fig.5.7 : fractionnement en gradin de la batterie de condensateur……………………….…….72

Fig.5.8 : schéma de principe du gradin……………………………………………………..…72

Fig.5.9 : Condensateurs connectés en étoile avec neutre mis à la terre……………………..…76

Fig.5.10 : Condensateurs connectés en étoile avec le neutre isolé………………………………..76

Fig.5.11 : condensateurs connectés en double étoile avec neutre isolé…………………….…76

Fig.5.12 : condensateurs connectés en étoile avec neutre isolé et avec trois transformateurs

De tension………………………………………………………………………….…..………77

Fig.5.13 : condensateurs sont connectés en étoile à neutre isolé avec six transformateurs

Tension…………………………………………………………………………………..…..…77

Fig.5.14 : principe de fonctionnement de l'inductance anti harmonique………………..……..81

Fig.5.15 : protection contre les défauts internes………………………………………..……..85

Fig.5.16 : régulateur varmétrique NRC 12………………………………………………..……87

Fig.5.17 : programme linéaire du régulateur varmétrique………………………………..……89

Liste des tableaux

Tableau 2.1 : courant admissible dans les câbles 21

Tableau 3.1 : caractéristique des transformateurs... 32

Tableau 3.2 : surcharge des postes sources..35

Tableau 3.3 : Chutes de tension dans les transformateurs.......................................37

Tableau 3.4 : puissances réactives consommées par chaque transformateur....................38

Tableau 3.5 : nombre de postes clients MT / BT et postes ONED..............................39

Tableau 3.6 : longueur aérienne et souterraine des lignes MT de l'ONE........................40

Tableau 3.7 : pertes joules dans le réseau MT..42

Tableau 3.8 : chute de tension maximale dans le réseau..42

Tableau 3.9 : courant débité par départ..43

Tableau 3.10 : facteur de puissance des départs MT..47

Tableau 3.11 : facteurs de puissance des postes sources...47

Tableau 4.1 : Tableau de donnée(METHODE ABC) 50

Tableau 4.2 : zone A de Pareto...52

Tableau 4.3 : zone B de Pareto...53

Tableau 4.4 : zone C de Pareto...53

Tableau 4.5 : pertes en puissance active pour les transformateurs..............................54

Tableau 4.6 : industrie installée dans la zone TIT MELLIL.....................................55

Tableau 4.7 : industrie installée dans la zone de ZENATA......................................58

Tableau 5.1 : énergie réactive à installer..75

Tableau 5.2 : inductances de choc..80

Tableau 5.3 : inductance anti-harmonique..82

Tableau 5.4 : chutes de tension après compensation 95

Tableau 5.5 : puissance disponible au secondaire des transformateurs........................95

Introduction générale :

L'exploitation des réseaux électriques de distribution est de plus en plus complexe du fait de l'augmentation de leurs tailles, de l'adoption de nouvelles techniques, de contraintes économiques et d'exploitation.

Ces facteurs obligent les opérateurs à exploiter ces réseaux près de la limite de stabilité et de sécurité. Les situations des régions à forte croissance de consommation accroissent encore les risques d'apparition de phénomène d'instabilité.

La gestion du réseau de distribution ne consiste pas seulement à faire en sorte que les transits soient inférieurs aux capacités de transport de chaque ouvrage du réseau. Il faut également surveiller plusieurs paramètres techniques, dont la puissance réactive.

C'est dans ce cadre que s'inscrit ce projet. Il a pour objet de compenser l'énergie réactive dans le réseau MT de la direction régionale de Casablanca.

Pour atteindre l'objectif annoncé, nous avons tracé la progression suivante :

Tout d'abord, on présente une généralité sur l'influence de la circulation de l'énergie réactive sur le réseau MT, et les différentes perturbations qui y sont liées.

Dans un deuxième temps nous présentons l'état actuel du réseau en évaluant les chutes de tension; les pertes joules ; les surcharge et le calcul des cosφ.

Ensuite, et en adoptant la méthode ABC nous analysons les résultats obtenus dans le chapitre précédent.

Enfin, nous adoptons les solutions adéquates à la compensation de l'énergie réactive.

Introduction :

La consommation électrique au Maroc dépasse les 24 000 GWh et évolue à un rythme de 6 à 8% par an. Cette tendance haussière de la demande reflète le dynamisme socio-économique que connaît notre pays et résulte de l'effet induit par la forte amélioration de l'accès aux services socio-économiques de base notamment l'énergie, ce secteur qui est géré par l'Office Nationale de l'Electricité.

1. Présentation de l'Office Nationale de l'Electricité :

Au cœur d'un secteur public stratégique et essentiel pour la compétitivité du pays, l'ONE est l'opérateur de référence du secteur électrique au Maroc.

Etablissement public à caractère industriel et commercial créé en 1963, ses principales missions consiste à :

- Satisfaire la demande en électricité aux meilleures conditions de coût et de qualité.
- Gérer et développer le réseau de transport.
- Planifier, intensifier et généraliser l'extension de l'électrification rurale.
- Œuvrer pour la promotion et le développement des énergies renouvelables.

Avec 9000 collaborateurs et plus de 4 millions de clients, l'ONE exerce des activités centrées sur les métiers de l'électricité : Production, Transport et Distribution.

Sa politique ambitieuse de développement en fait un acteur majeur du développement économique et du progrès social au Maroc.

2. Structure générale :

La structure générale de l'ONE repose sur cinq Pôles, organisés en métier, au niveau du siège et des directions d'exploitation.

Chapitre 1 :   Présentation de l'organisme d'accueil

Fig.1.1 : structure générale de l'ONE

Le pôle réseaux comprend les directions suivantes :

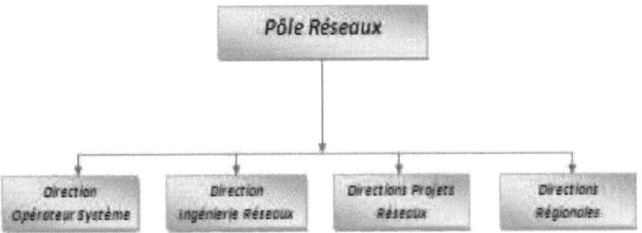

Fig.1.2 : direction du pôle réseau

Le territoire national est subdivisé en 10 directions régionales, à savoir :

- Direction régionale Casablanca.
- Direction régionale Rabat.
- Direction régionale Agadir.
- Direction régionale Fès.
- Direction régionale Meknès.
- Direction régionale Marrakech.
- Direction régionale Oujda.
- Direction régionale Béni-Mellal.
- Direction régionale laâyoune.
- Direction régionale Tanger.

Chapitre 1 :   Présentation de l'organisme d'accueil

3. Présentation de la Direction Régionale de Casablanca:

La direction régionale de Casablanca comprend 6 divisions. L'organigramme suivant représente ces différentes divisions :

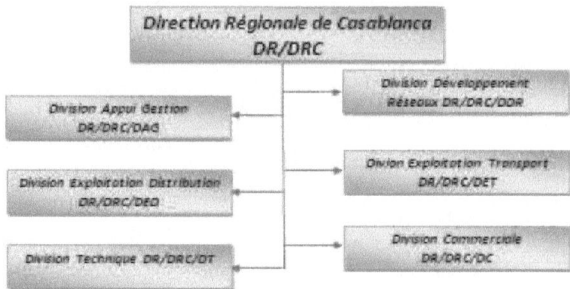

Fig.1.3 : direction régionale de Casablanca

4. Présentation de la Division Exploitation et Distribution DED :

La DED est la plus importante entité opérationnelle au niveau de la direction régionale de Casablanca du fait qu'elle couvre la région économique du centre du Maroc.

Un nombre aussi considérable de clients, ainsi que les caractéristiques démographiques et sociales de la région de Casablanca, exigent de la division, de satisfaire les attentes de la population. La DED comprend 3 agences de distribution avec un service de contrôle gestion.

L'organigramme Organisationnel de la division se présente comme suit :

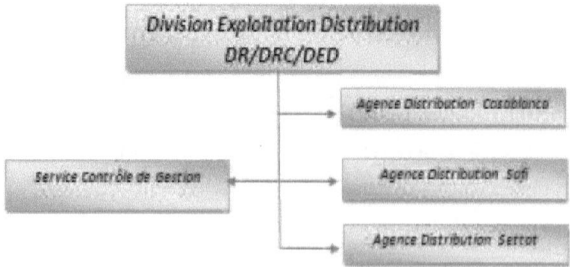

Fig.1.4 : organisation de la division Exploitation et distribution

5. Présentation de la l'Agence de Distribution de Casablanca :

Le personnel de l'AD Casablanca est de 136 personnes dont 6 cadres.

L'agence de distribution de Casablanca comprend 4 sections dont les missions générales sont :

- Assurer l'exploitation et la maintenance des ouvrages MT, BT de l'ONE (poste source HT/MT, poste MT/BT, réseaux MT et BT et le système de comptage) sur le territoire couvert par la région de Casablanca avec la meilleure qualité de service et au moindre coût en veillant à la sécurité des personnes et des ouvrages.

- Réaliser les prestations techniques pour le compte des clients de la région de Casablanca.

L'organigramme Organisationnel de l'agence de distribution de Casablanca se présente comme suit :

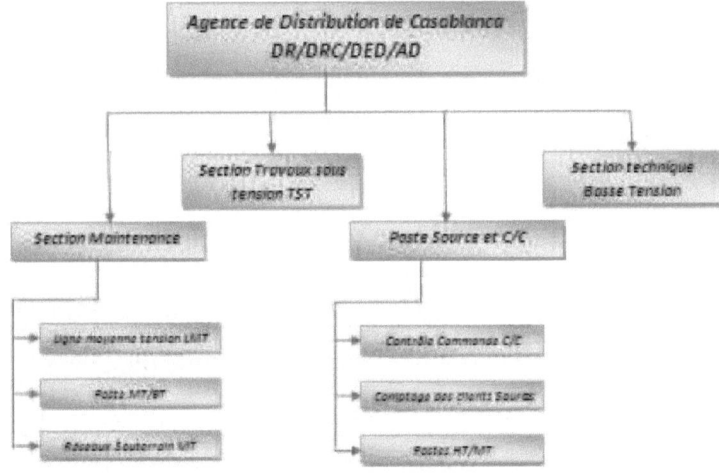

Fig.1.5 : organisation de l'agence de distribution de Casablanca

Conclusion :

Vue la demande énorme en énergie, l'office national de l'électricité s'est engagé à augmenter sa production en adoptant un ensemble d'actions.

Principales actions :

- Le nouveau projet de l'énergie solaire qui couvrira 25% de la demande énergétique a l'aube de 2025.

- la promotion des énergies renouvelables à travers un vaste programme de développement et de promotion : 250 MW d'éolien à ce jour.

Introduction:

Comme tout générateur d'énergie électrique, un réseau de puissance fournit de l'énergie aux appareils utilisateurs par l'intermédiaire des tensions qu'il maintient à leurs bornes. Il est évident que la qualité et la continuité de la tension est devenue un sujet stratégique pour plusieurs raisons concernent l'exploitation des réseaux électriques.

L'ONE doit maintenir l'amplitude de la tension dans un intervalle de l'ordre de ± 10 % autour de sa valeur nominale. Cependant, même avec une régulation parfaite, plusieurs types de perturbations peuvent dégrader la qualité de la tension :

- les creux de tension et coupures brèves
- les variations rapides de tension (FLICKER).
- les surtensions temporaires ou transitoires.

Nous allons détaillée dans ce chapitre l'effet de la circulation de l'énergie réactive dans les ouvrages (lignes, transformateurs, charges...), et sa contribution à l'instabilité du réseau.

1. Energie active, réactive:

1.1. Nature des énergies actives et réactives:

Tout système électrique (câble, ligne, transformateur, moteur, éclairage, ...) utilisant le courant alternatif met en jeu deux formes d'énergie : l'énergie active et l'énergie réactive.

1.1.1. Energie et puissance actives :

L'énergie active résulte de l'utilisation d'une puissance active qui fournit pour un certain temps un travail utile au récepteur sous forme de force motrice ou de chaleur.

Pour un système triphasé :

$$P = \sqrt{3} * U * I * cos\varphi \qquad (2.1)$$

P: puissance active.

U : tension composée.

I : courant de ligne.

1.1.2. Energie et puissance réactives :

L'énergie réactive est fournie par les condensateurs et absorbée par les bobines. Elle sert à la magnétisation des circuits magnétiques des machines (transformateurs et moteurs).

De plus, les lignes et les câbles consomment ou produisent de la puissance réactive suivant leur charge. Positive, elle entre dans le réseau ; négative, elle est restituée au générateur. Cet échange permanent qui ne produit aucun travail utile, génère néanmoins des inconvénients dans le réseau, soit des pertes supplémentaires, encombre les lignes et crée des variations de tension.

On ne parle dès lors pas de consommation, mais de pertes réactives dans le réseau.

Pour un système triphasé :

$$Q = \sqrt{3} * U * I * \sin\varphi \qquad (2.2)$$

Q : puissance réactive.

U : tension composée.

I : courant de ligne.

1.1.3. La puissance apparente :

Elle correspond à la puissance apparente S (kVA) des récepteurs, somme vectorielle de P (kW) et Q (kVAR) :

$$S = \sqrt{3} * U * I \qquad (2.3)$$

Ces puissances se composent vectoriellement comme suit :

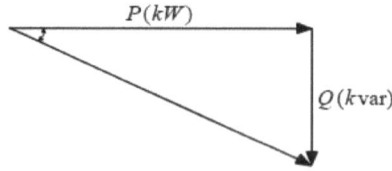

Fig.2.1 : diagramme vectoriel des puissances

Chapitre 2 : Influence de la circulation de l'énergie réactive sur le réseau

1.1.4. Composante active et réactive du courant :

A chacune de ces énergies active et réactive correspond un courant :

- Le courant actif (**Ia**) est en phase avec la tension du réseau.
- Le courant réactif (**Ir**) est déphasé de 90° par rapport au courant actif, soit en retard (récepteur inductif), soit en avance (récepteur capacitif).
- Le courant apparent (**It**) est le courant résultant qui parcourt la ligne depuis la source jusqu'au récepteur.

Si les courants sont parfaitement sinusoïdaux, on peut utiliser la représentation de Fresnel.

Ces courants se composent alors vectoriellement comme suit :

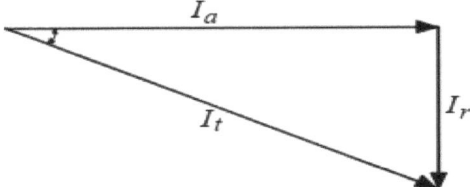

Fig.2.2 : diagramme vectoriel des courants

Φ : déphasage entre le courant apparent et le courant actif.

2. Dualité (P, f) et (Q, V) :

2.1. Généralité :

Trois objectifs réglementent l'exploitation du système électrique :

- Garantir la sureté du bon fonctionnement.
- Satisfaire les besoins des clients à travers les engagements contractuels.
- Economiser les ouvrages et installations.

Pour atteindre ces objectifs il faut mettre en place des systèmes de réglages performants :

- Réglages de la puissance active P et de la fréquence f. (couplage P, f).
- Réglages de la puissance réactive Q et de la tension V. (couplage Q, V).

Le réglage de la fréquence se fait au niveau national par contre le réglage en tension est plutôt local.

Nous admettrons que les réglages (P, f) et (Q, V) sont largement découplés.

2.2. Réglage de la fréquence et de la puissance active : (national)

Tout écart entre la puissance appelée par le réseau et celle fournie par l'alternateur provoque des variations de la fréquence du réseau, donc l'équilibre production/consommation est directement liée au réglage de la fréquence :

- **soit en variant la production pour satisfaire la consommation** :

Le réglage primaire agit localement sur chaque groupe de production et assure, de façon automatique, la correction de l'écart entre production et demande. Il aboutit à un nouvel équilibre dans l'ensemble du réseau, mais à une fréquence de fonctionnement différente de la fréquence de référence.

Le réglage secondaire, également automatique, agit après le réglage primaire. Il rétablit la fréquence de référence et les échanges contractuels entre réseaux. Il est du type centralisé (en général par zone d'action de gestionnaire de réseau).

- **soit en ajustant la consommation à la production :**

Ce que l'on est contraint de faire en période de pénurie (structurelle ou accidentelle).

2.3. Réglage de la tension et de la puissance réactive : (local)

2.3.1. Pourquoi régler la tension :

Le transport de puissance électrique est soumis à une règle de bonne pratique: le niveau de la tension doit être le plus élevé possible alors que le courant doit être maintenu à son niveau le plus faible et ce dans les limites imposées par le réseau.

Ces conditions permettent de transporter un maximum de puissance tout en minimisant les pertes et en préservant les machines de production d'un vieillissement trop rapide. Cependant, la capacité d'isolation des câbles étant limitée, il est indispensable que la tension sur le réseau ne dépasse pas un certain niveau.

2.3.2 Stabiliser la tension en gérant l'énergie réactive :

La fluctuation de la tension est un phénomène inévitable, car elle est affectée par les variations de puissance causées par les prélèvements et injections liés à l'activité quotidienne.

Si la fréquence sur le réseau est influencée par le comportement de l'énergie active, la tension est quant à elle affectée par l'énergie réactive.

Le bilan global de la puissance réactive produite et consommée dans l'ensemble du système électrique doit être équilibré. Mais les transits provoquent des chutes de tension et des pertes, il faut éviter ces transits, c'est-à-dire s'arranger pour réaliser un équilibre local entre les puissances réactives produites et consommées.
La chaîne de réglage de la tension est constituée par l'ensemble des moyens permettant de contrôler la tension en tout point du réseau, à savoir contrôler la puissance réactive, afin de diminuer le taux de perte.

3. Energie réactive et pertes dans le réseau de distribution :

3.1. Pertes générales :

Le transit d'énergie active et réactive sur un réseau, cause de multiples pertes: des surcharges et des échauffements supplémentaires dans les transformateurs et les câbles qui ont pour conséquence des pertes d'énergie active ainsi que des chutes de tension.

On ajoute à ceci la puissance consommé pour gérer le réseau : alimentation des éléments de protection et auto-alimentation des postes.

Le disfonctionnement des compteurs des postes ONED ou similaire peut aussi être la cause d'une puissance transité mais non facturée, considéré donc comme des pertes.

Ces pertes sont énorme, et leur taux augmente proportionnellement à la puissance transité, et nuisent au bon fonctionnement des équipements du réseau.

3.2. Taux de pertes :

Le taux de perte est définie comme suit : taux de perte= (achat – vente)/achat.

Il est utile de savoir que les études économiques montrent généralement que si le taux de perte excédent 9% de l'énergie nette produite dans un système de distribution, il sera intéressant de mettre en place un planning pour minimiser ces pertes.

Pour la partie distribution, 5% est convenable et 9% le maximum tolérable.

3.3. Pertes joules et Surcharges sur les lignes :

3.3.1 Pertes joules :

Les pertes en lignes dues à l'effet Joule sont importantes et proportionnelles à la distance et au carré du courant transité.

La relation suivante illustre les pertes par effets joules sur une ligne :

$$P = 3 * \rho * I^2 * \frac{L}{S} \qquad (2.4)$$

L : longueur du câble

S : section du câble

I : courant transité

ρ : Résistivité du câble.

La tension de service étant choisi, Les longueurs étant imposé par la géographie et les lieux à alimenter, la section est choisi selon la contrainte du courant à transporter, le courant est donc le seul paramètre qu'on peut optimiser.

3.3.2. Surcharges des câbles :

Le courant que peut transporter un câble est limité, on l'appel courant admissible.

En effet la section et la nature du matériau du câble, le mode de pose, et la température ambiante sont tous des paramètres qui déterminent le courant admissible par l'âme du câble.

Les types de câbles utilisés dans le réseau MT ainsi que les courants admissibles dans les lignes principales sont regroupé dans le tableau suivant :

Il regroupe aussi bien les lignes aériennes que souterraines.

Section (mm2)	Courant admissible
Alu(150)	375 A
Cui(150)	476 A
Almélec(148,1)	380 A

Tableau 2.1 : courant admissible dans les câbles

Il y'a lieu de diminuer les courants transité dans la ligne en améliorant le cosφ de la charge, ce qui revient à faire diminuer la puissance réactive transitée.

En effet : le courant de lignes peut s'écrire de la forme suivante :

$I = I_d - jI_q$ (2.5)

Id : est appelé composante directe du courant.

Iq : composante en quadrature de phase avec la tension.

La composante Id représente le transit de la puissance active, tandis que la composante Iq représente celui de la puissance réactive.

Il est donc claire qu'en diminuant la puissance réactive transitée, et donc le courant réactive circulée on peut diminuer le courant totale dans la ligne, et par conséquent les pertes joules et les surcharges dans les lignes.

Le seuil de surcharge admissible dans les câbles est de 80% de son courant nominal.

La compensation de l'énergie réactive en bous de ligne s'avère jusqu'à maintenant une solution immédiate pour pouvoir utiliser les mêmes câbles pour transiter plus d'énergie active au client, et ceci en diminuant la composante réactive du courant mais d'autre contraintes technico-économique sont à prendre en compte pour aboutir à une solution général qui optimise le rendement de tout le système.ces critère et contraintes seront discuté par la suite.

A noter que la puissance réactive transitée sur les lignes ne peut être réduite à zéro même pour une ligne à vide, du fait que la ligne elle-même consomme de la puissance réactive, à cause de la présence d'un terme inductive.

Pour le réseau MT la ligne produit l'énergie réactive à vide ou à faible charge et en consomme à forte charge

En effet : pour une longueur qui ne dépasse pas les 300 KM on peut modéliser la ligne avec grande précision par le modèle dit en Π suivant :

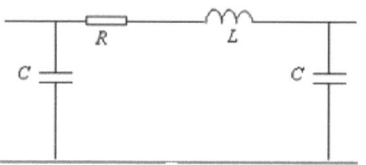

Fig.2.3 : modèle en Π de la ligne

D'après ce modèle et en considérant les trois phases, la puissance réactive consommée par la ligne est :

$$Q = 3(cwV^2 - LwI^2) \qquad (2.6)$$

Quand la ligne est à vide le Q est positif et la ligne fournit donc l'énergie réactive.

Quand la ligne et fortement chargé la tension chute et le courant augmente, l'énergie réactive devient négative et la ligne en consomme.

4. Disfonctionnements liée à la tension :

Le respect des caractéristiques contractuelles de la tension et de la fréquence est, avec la continuité de la fourniture d'électricité, l'un des critères essentiels qui permettent d'apprécier la qualité du service rendu par les gestionnaires de réseaux. Les différents types d'incident qui atteignent les réseaux influent directement ou indirectement sur ces deux paramètres qui sont retenus pour évaluer la qualité du service.

L'ONE fournit une tension contractuelle à ces clients MT et BT avec une tolérance de 10%.

Les risques de surtensions et de chute tensions sont nombreux à savoir la défectuosité des installations amont des clients et la détérioration des installations électriques de l'ONE (Transformateurs, lignes, accessoires, ….)

4.1. Chute de tension :

L'ONE s'engage à fournir la tension à ses clients à une valeur bien déterminé appelé tension asservie, toute fois cette tension peut chuter à une valeur inférieur à sa valeur à vide .

Ces chutes de tension sont fonction du courant qui traverse l'impédance des transformateurs, des lignes et des câbles qui assurent le transit d'énergie électrique entre sources et charges.

L'impédance caractéristique du matériel provoque une chute de tension qui accroit proportionnellement au courant absorbé par la charge et donc inversement à son facteur de puissance.

La tension est alors plus basse en bout de ligne qu'en son origine, et plus la ligne est chargée, plus la chute de tension sera importante.

Le seuil admissible de chute de tension est de 10%.

4.1.1. Conséquence des chutes de tension :

La chute de tension, et contrairement à ce qu'on peut penser est aussi dangereuse est destructives que les surtensions et le court-circuit, surtout pour les machines électriques de différentes gammes.

Cette chute de tension se traduit par un ralentissement des machines asynchrones et la diminution du couple moteur, voir l'arrêt totale de la machine si la diminution dépasse la fourchette permise qu'est en général de 15 %.

Pour la machine synchrone le problème est bien plus grave : malgré la chute de tension la machine va continuer de tourner à la vitesse de synchronisme, et face à un couple résistant constant la machine va absorber des courants très forts pour fournir le couple moteur nécessaire d'où le risque de griller la machine.

Pour les charges dont la puissance appelée est constante (imposé par d'autres paramètres) la chute de tension va immédiatement être compensée par l'absorption d'un courant plus fort que le courant nominal, ce qui conduit souvent à cramer la composante en question.

A coté de cela, la chute de tension cause d'autre problème lié à la qualité de la luminosité (phénomène de FLICKER) et d'autre problème spécifique à chaque type de charge.

La compensation de l'énergie réactive à pour tache de réduire les fluctuations de tension ainsi que les phénomènes de FLICKER (papillotement).

4.1.2. Calcul de la chute de tension :

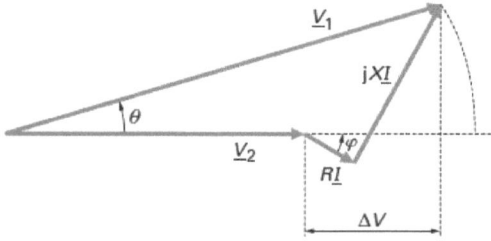

Fig.2.4 : schéma de calcul de la chute de tension

On définit :

V1 : Tension de la source ;

V2 : tension de service ;

ΔV = chute de tension= (V1-V2) ;

P = puissance active de la charge sous la tension nominale V ;

Q = puissance réactive de la charge sous la tension nominale V ;

Cos Φ = facteur de puissance de la charge ;

I = courant nominal de la charge ;

Scc = puissance de court circuit du réseau amont ;

R = résistance totale du réseau amont ;

X = réactance totale du réseau amont ;

En considérant que l'angle dit de transport entre V1 et V2 est faible :

$$\Delta V = R * I * \cos\Phi + X * I * \sin\Phi \tag{2.7}$$

On peut écrire :

$$P = 3 * V * I * \cos\Phi \tag{2.8}$$

$$Q = 3 * V * I * \sin\Phi \tag{2.9}$$

Ce qui donne :

$$\Delta V = \frac{RP + XQ}{3V} \tag{2.10}$$

Et en valeur relative :

$$\frac{\Delta V}{V} = \frac{RP + XQ}{3V^2} \tag{2.11}$$

La tension en un point est donc fonction de la topologie du réseau et des transits ; en particulier, lorsque le rapport *X/R* est important (cas des lignes HT et MT), ce sont surtout les transits de puissance réactive qui sont à l'origine des chutes de tension, l'équation devient :

$$\frac{\Delta V}{V} \approx \frac{X.Q}{3V^2} = \frac{Q}{Scc} \tag{2.12}$$

Rappelons que cette expression est d'autant moins exacte lorsqu'elle est utilisée pour des lignes longues et/ou fortement chargées.

En pratique, la puissance réactive se transporte mal puisqu'elle crée de fortes chutes de tension. Il faut donc la compenser aussi près que possible des zones où elle est appelée. La compensation de la puissance réactive et donc la tenue de la tension sont des problèmes essentiellement locaux.

4.2. Creux de tension :

Un creux de tension est une baisse brutale de la tension en un point du réseau, à une valeur comprise entre 90 % et 1% seon la norme CEI 61000-2-1, ou entre 90 % et 10 % selon IEEE 1159 d'une tension de référence (Uref) suivie d'un rétablissement de la tension après un laps de temps.

La tension de référence est généralement la tension déclarée pour les réseaux MT.

les creux de tension sont transférables entre les différents niveaux de tension ,ainsi un creux de tension sur le réseau MT par exemple se traduit chez les clients BT par le manque de luminosité par exemple.

Les paramètres caractéristique d'un creux de tension sont donc :

- sa profondeur : ΔU (ou son amplitude U),

- sa durée ΔT, définie comme le laps de temps pendant lequel la tension est inférieure à 90 %.

Pour les machines électriques, les creux de tension peuvent causer le changement brutal du point du fonctionnement, ralentissement avec risque de ne plus réaccélérer et arrêt total,et les problèmes liée au déphasage de la tension rémanante et de la tension de reprise qui peut provoquer la destruction du moteur et l'absoption des courants jusqu'à 20 In.

Les creux de tension sont due essentiellement à l'appel de la puissance réactive par les industrielles.

4.3. Surtension :

Une surtension est toute tension entre un conducteur de phase et terre, ou entre conducteurs de phase, dont la valeur de crête dépasse la valeur de crête correspondant à la tension la plus élevée pour le matériel.

Une surtension est dite de mode différentiel si elle apparaît entre conducteurs de phase ou entre circuits différents. Elle est dite de mode commun si elle apparaît entre un conducteur de phase et la masse ou la terre.

4.3.1. classification des surtensions :

Les surtensions peuvent être classées selon leur origine :

4.3.1.1. Manœuvre sur le réseaux :

les surtentions internes sont provoqué par le changement de la topologie du réseau suite au manœuvre sur ce dernier : changement de source, fonctionement des protections (disjoncteur, interupteur) ou encore les surtensions provoquées par la manœuvre de circuits capacitifs (lignes ou câbles à vide, fonctionnement des gradins de condensateurs, la coupure du courant magnétisant d'un transformateur).

4.3.1.2. surtension temporaire:

les phénomènes naturel (tel la foudre), les défauts d'isolement, la ferrorésonance, la perte du neutre ou encore la surcompensation de l'énergie réactive provoquent des surtensions temporaire ,dont la crête et la durée peuvent causer la destruction du matériel et le claquage de l'isolant.

Leurs conséquences sont très divèrses selon le temps d'application, la répétitivité, l'amplitude, le mode (commun ou différentiel), la raideur du front de montée, la fréquence:

- ✓ claquage diélectrique, cause de destruction de matériel sensible (composants électronique) ;
- ✓ dégradation de matériel par vieillissement (surtensions non destructives mais répétées) ;
- ✓ coupure longue entraînée par la destruction de matériel (perte de facturation pour les distributeurs, pertes de production pour les industriels) ;

- ✓ perturbations des circuits de contrôlecommande et de communication à courant faible.

Conclusion :

Dans ce chapitre, nous avons présenté différents types de perturbations affectant la tension du réseau électrique.

Comme nous avons pu le constater, les chutes de tension, les surtensions et les creux de tension ont des effets néfastes sur les équipements électriques.

Ces perturbations ont des conséquences différentes selon le contexte économique et le domaine d'application: de l'inconfort à la perte de l'outil de production, à la dégradation du fonctionnement jusqu'à la destruction totale de ces équipements, voire même à la mise en danger des personnes.

Cependant, les perturbations ne doivent pas être subies comme une fatalité car des solutions existent. Nous devons tenir en compte que les problèmes de tension doivent être corrigés localement, étant donné, que la majorité des moyens qu'on peut prendre pour résoudre ces problèmes ont une étendue fondamentalement locale.

Chapitre 3 : Situation actuelle du réseau MT

Introduction :

Dans ce chapitre, nous présentons le réseau de distribution MT de l'ONE dans la région de Casablanca.

La connaissance des caractéristiques du réseau de distribution MT, des contraintes qu'il subit, son état actuel ainsi que les réglementations suivies par l'ONE sont nécessaires pour la mise en place des systèmes de compensation de l'énergie réactive afin de diminuer les pertes actives et stabiliser le réseau pour atteindre une bonne qualité d'électricité.

On se limitera au réseau qui entre dans la zone d'action de l'agence de distribution de Casablanca (AD Casa).

1. Présentation :

La région du Grand Casablanca, d'une superficie de plus 1 273 km², possède 42% des établissements industriels, attire 48% des investissements et compte 30% du réseau bancaire.

Le secteur des services représente 57% des activités, arrivent en bonne place, l'industrie 41% et, loin derrière, l'agriculture, la pêche et l'élevage avec 2%.

Les régions périphériques de Casablanca sont alimentées par les postes Sources : BOUSKOURA, SIDI MAAROUF, OULAD AZZOUZ, TIT MELLIL, ZENATA et NOUACEUR.

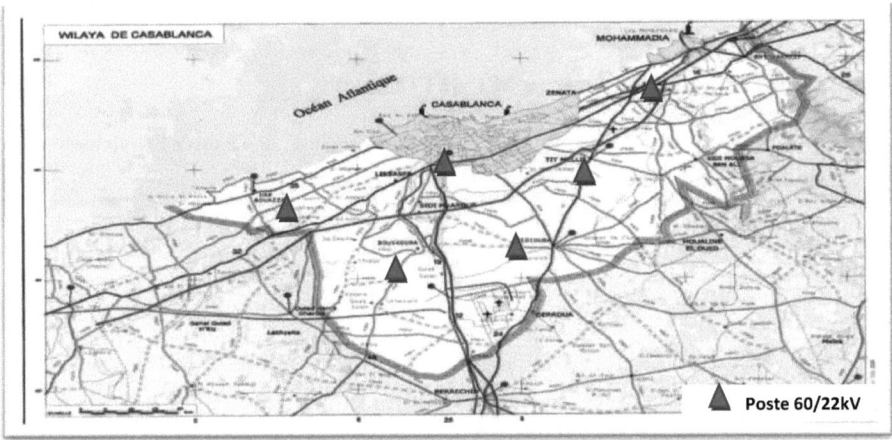

Fig.3.1 : Repérage géographique des postes sources de la région de Casa

2. Frontières du réseau de distribution :

La distribution couvre historiquement au Maroc les réseaux à moyenne tension, dits MT, et les réseaux à basse tension, BT. La frontière avec les réseaux de transport se situe dans les postes sources au niveau du transformateur HT/MT. La frontière avec les installations clients se situe en général au niveau de l'appareil de coupure en aval du comptage.

3. Règles adoptées par l'ONE :

Les réseaux de distribution MT obéissent au Maroc à certaines règles générales :

- ➤ Les réseaux sont arborescents, non maillés. Cela signifie que tout point desservi n'est à chaque instant, alimenté que par un chemin électrique, venant d'un poste source, passant successivement par un réseau MT.

- ➤ Les postes sources 60/22 kV sont alimentés par des lignes 60kV avec une transformation en 22kV via deux transformateurs de puissance abaisseurs. En principe, seulement un transformateur qui est en service et l'autre est en secours.

- ➤ Le réseau MT est secouru par d'autres lignes MT via des points de sectionnements (secours manuel).

4. La structure du réseau MT de l'ONE :

Généralement, le réseau MT de l'ONE est composé, de manière hiérarchisée dans le sens du transit de l'énergie, des éléments suivants :

- ➤ Les postes sources HT/MT, alimentés par le réseau de transport ou de répartition ;
- ➤ Le réseau MT, constitué des départs MT issus des sources (en lignes aériennes ou souterraines) ;
- ➤ Les postes MT/BT de distribution basse tension.

4.1. Structure des postes HT/MT :

La figure 3.2 présente la structure générale adoptée par l'ONE dans les postes de livraison HT/MT.

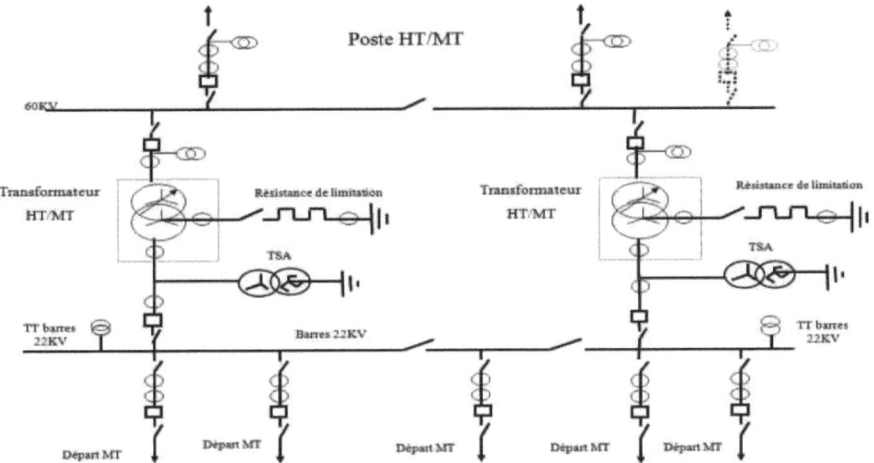

Fig.3.2 : Schéma unifilaire d'un poste HT/MT de l'ONE

Les principaux constituants d'un poste HT/MT sont :
- Un ou plusieurs départs HT.
- Un jeu de barres HT.
- Deux transformateurs de puissance.
- Deux transformateurs de services auxiliaires (TSA).
- Un jeu de barres MT.
- Plusieurs départs MT.

4.2. Transformateurs de puissance :

4.2.1 Généralités :

La puissance assignée S_n d'un transformateur est définie comme le produit de sa tension d'alimentation en volts par le courant en ampères.

En triphasé on a:

$$S = \sqrt{3} * U * I \tag{3.1}$$

Cette puissance correspond au fonctionnement de l'appareil à pleine charge (puissance nominale).

En général les transformateurs sont surdimensionnés par rapport au besoin réel de l'utilisateur, à prévoir l'extension de leurs installations à moyen terme.

Il arrive par contre que les transformateurs soient soumis à des régimes de fonctionnement supérieurs à leurs capacités nominales dits « surcharge » ; ces derniers entrainent des contraintes thermiques qui diminuent la durée de vie du transformateur de puissance.

4.2.2. Caractéristique du transformateur :

	Un(V)	S(MVA)	u_{cc}(%)	Rn(Ω)	Zn(Ω)	Xn(Ω)
BOUSKOURA	22000	40	12,15	0,42	1,5125	1,4527
TIT MELLIL	22000	40	11,7	0,425	1,4157	1,3503
SIDI MAAROUF	22000	40	12,26	0,425	1,4834	1,4205
ZENATA	22000	40	11,86	0,425	1,435	1,37
NOUACEUR	22000	20	12,08	0,127	2,92333	2,633
OULED AZZOUZ	22000	40	12,45	0,425	1,5064	1,444

Tableau 3.1 : caractéristique des transformateurs

4.2.3 Différents régimes de surcharges affectant les transformateurs :

Les systèmes de surcharge que l'on rencontre sont de natures différentes :

On distinguera :

- Surcharge imposées par des spécifications particulières à certains utilisateurs.
- Surcharge récurrentes (régulière en amplitude et durée).
- Surcharge de longue durée.
- Surcharge de très courte durée.

4.2.4 Surcharge et durée de vie du transformateur de puissance :

Surdimensionné le transformateur entraîne un investissement excessif et des pertes à vide inutiles, mais la réduction des pertes en charge peut être très importante. Sous-dimensionner le transformateur entraîne un fonctionnement quasi permanent à pleine charge et souvent en surcharge avec des conséquences en chaîne :

- Rendement inférieur (c'est de 50 à 70 % de sa charge nominale qu'un transformateur a le meilleur rendement) ;
- Echauffement des enroulements, entraînant l'ouverture des appareils de protection et l'arrêt plus ou moins prolongé de l'installation ;
- Vieillissement prématuré des isolants pouvant aller jusqu'à la mise hors service du transformateur, un dépassement permanent de température du diélectrique de 6 °C réduit de moitié la durée de vie des transformateurs immergés. Aussi, pour définir la puissance optimale d'un transformateur, il est important de connaître le cycle de fonctionnement saisonnier ou journalier de l'installation alimentée : puissance appelée simultanément ou alternativement par les récepteurs dont les facteurs de puissance peuvent varier considérablement.

4.2.5 Prise en compte des surcharges :

Pour ne pas provoquer un vieillissement prématuré du transformateur les surcharges brèves ou prolongées que l'on peut admettre doivent être compensées par une charge "habituelle" plus faible. Les courbes qui suivent permettent de déterminer les surcharges journalières ou brèves admissibles en fonction de la charge habituelle du transformateur.

Le chiffre en regard de la flèche précise, pour chaque courbe de surcharge, le rapport souhaitable entre la charge habituelle et la puissance nominale pour pouvoir tolérer la surcharge indiquée par la courbe.

4.2.5.1. Surcharges cycliques journalières :

Suivant la température ambiante du local dans lequel sera installé l'unité de transformation une surcharge journalière importante et prolongée peut être admise sans (systématiquement) compromettre la durée de vie du ou des transformateurs en parallèle.

Pour un transformateur immergé chargé toute l'année à 80 % on lit sur la courbe correspondant au coefficient 0,8 une surcharge journalière admissible d'environ 120 % pendant 2 heures ou encore, 135 % pendant 1 heures.

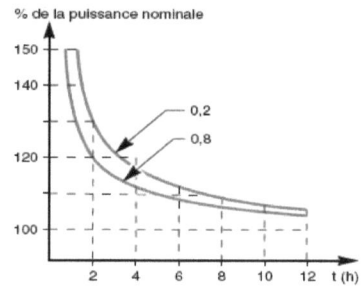

Fig.3.3 : surcharges cycliques du transformateur immergé

4.2.5.2. Surcharges brèves :

De même lors des manœuvres des récepteurs, des surcharges brèves mais très importantes peuvent apparaître. Elles sont également admissibles sous réserve qu'elles ne dépassent pas les limites indiquées par les courbes ci-contre.

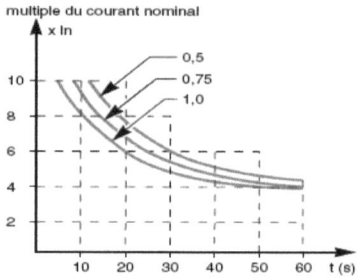

Fig.3.4 : surcharges brèves du transformateur immergé

Le tableau suivant représente le taux de surcharge au niveau de chaque poste source :
Le taux de surcharge = puissance appelée*100/puissance installée.

Postes sources	Puissance raccordée		Puissance en service PS en MVA	Puissance maximale appelée en MVA 2009	taux de surcharge %
	Nbre de TR	PG en MVA			
Bouskoura	2	40	80	43	106,50%
Sidi maarouf	2	40	80	39	96,50%
Ouled azzouz	2	40	80	57	141%
Tit mellil	2	40	80	39	96,50%
Zenata	2	40	40	38	95%
nouacer	2	20	20	18	92%

Tableau 3.2 : surcharge des postes sources

Suite à cette étude on peut conclure que les postes sources du réseau de distribution ONE, DRC/distribution sont surchargés, pour cela la DRC adopte le système de marche en parallèle.

La marche en parallèle peut s'avérer utile mais pas en tant que solution permanente, la perte d'un transformateur peut conduire à la mise hors service de l'autre qui sera excessivement chargé.

Le fonctionnement normale d'un poste source nécessite la mise en service d'un transformateur et assurer la redondance en cas de défaut par un autre mis en parallèle.

4.2.6 Condition de marche en parallèle :

Des transformateurs fonctionnent en parallèle quand ils relient à partir du même réseau primaire, le même réseau secondaire dans une position dite « bornes à bornes ».

Nous rappelons les conditions requises pour assurer une bonne marche en parallèle entre les deux transformateurs :

- Même rapport de transformation.
- Même décalage angulaire.
- Même tension de court-circuit dans la limite des tolérances admises (±10%).
- Rapport des puissances assignées des transformateurs en parallèle compris entre 0,5 et 2.

Si les deux premières conditions sont absolument impératives, les deux autres concernent plus particulièrement la répartition des charges entre les transformateurs fonctionnant en parallèle.

Si les tensions de court-circuit des appareils sont différentes, le courant de charge se partage en raison inverse des Ucc et proportionnelle aux puissances assignées Sn.

En effet :

Deux transformateurs, a et b, de puissance assignée Sa et Sb et avec des impédances de court-circuit relatives za et zb sont mis en parallèle sous tension à vide sur les deux côtés. La différence entre les tensions à vide induites Ua et Ub sur le côté opposé des transformateurs est exprimée comme une fraction p de la tension moyenne, que l'on suppose approximativement égale à la tension assignée Ur.

$$p = \frac{Ua - Ub}{\frac{Ua + Ub}{2}} = \frac{Ua - Ub}{Ur} \tag{3.2}$$

Cette différence de tension entraîne un courant de circulation dans la somme des deux impédances des transformateurs mis en parallèle. Comme celles-ci sont surtout inductives, le courant de circulation est aussi inductif. Le courant de circulation Ic et la puissance réactive correspondante Qc exprimés en fonction du courant assigné Ir et de la puissance assignée Sr des transformateurs respectifs seront approximativement :

$$\frac{Ic}{Ira} = \frac{Qc}{Sra} = \frac{P}{Za + \frac{Sra * Zb}{Srb}} \tag{3.3}$$

Et :

$$\frac{Ic}{Ira} = \frac{Qc}{Sra} = \frac{(-P)}{Zb + \frac{Srb * Zb}{Sra}} \tag{3.4}$$

Si les deux transformateurs possèdent la même puissance assignée et la même impédance de court-circuit relative, on peut simplifier ces termes en : $\frac{\mp P}{2z}$

On remarque que même si les conditions de marche en parallèle sont réalisées, il y aura un courant I_c circulant entre les deux transformateurs, et qui augmentera la puissance réactive consommée.

4.2.7 Chute de tension dans les transformateurs :

Elle est donné par :

$$\Delta V\% = \frac{R * P + X * Q}{3V^2} \tag{3.5}$$

En calculant ces chutes on trouve le tableau qui suit :

Poste source	ΔV% total
TIT MLIL	7,6%
ZENATA	8,1%
NOUACER	1,87%
OULED AZOUZ	5,03%
SIDI MAAROUF	6,4%
BOUSKOURA	3,36%

Tableau 3.3 : Chutes de tension dans les transformateurs

4.2.8 Puissance réactive consommé par le transformateur :

Il ne faut jamais oublier qu'un transformateur qui fonctionne à vide est une self, son cosφ est de l'ordre de 0,2. Il consomme donc du courant réactif. De même, lorsqu'il fonctionne en charge, il consomme un courant réactif qui est fonction de la charge.

D'où l'intérêt de compenser avec des condensateurs pour redresser le cosφ.

La formule du calcul de la puissance réactive consommé :

- A vide : Q_0 (kVAR)

$$Q_0 = P_0 * tg\Phi * 10^{-3} \tag{3.6}$$

P_0 : perte à vide

- En charge : Q_{ch}

$$Q_{ch} = (U_{cc} * S^2)/S_n \tag{3.7}$$

S: puissance apparente transité

U_{cc} : tension de court-circuit.

S_n : puissance apparente nominale.

Le tableau suivant illustre la consommation du transformateur en puissance réactive dans chaque poste source :

Poste source	Q consommé en charge	Q consommé à vide	Q total
OULED AZOUZ	1,79 MVAR	762 KVAR	2,552 MVAR
SIDI MAAROUF	1,03 MVAR	762 KVAR	1,792 MVAR
TIT MLIL	829 KVAR	762 KVAR	1,591 MVAR
BOUSKOURA	1,06 MVAR	762 KVAR	1,822 MVAR
NOUACER	472 KVAR	400 KVAR	872 KVAR
ZENATA	1,53 MVAR	762 KVAR	2,292 MVAR

Tableau 3.4 : puissances réactives consommées par chaque transformateur

4.3. Les postes MT/BT :

Ils sont localisés entre le réseau de distribution MT et le réseau de distribution BT, ces ouvrages assurent le passage de la moyenne tension à la basse tension.

Les postes MT/BT de l'ONE sont constitués de quatre parties :

- L'équipement MT pour le raccordement au réseau amont,
- Le transformateur MT/BT,
- Le tableau des départs BT comme points de raccordement du réseau aval de distribution (en BT),
- Une enveloppe extérieure préfabriquée métallique ou de plus en plus souvent en béton, qui contient les éléments précédents (pour les postes maçonnés).

La livraison MT/BT se fait à travers les postes ONED mais aussi directement à travers des postes clients MT.

Le tableau qui suit nous donne un aperçu sur le nombre de poste Clients MT/BT ainsi que les postes ONED total découlant de chaque poste source 60kV / 22kV.

Les détails concernant chaque départ sont développés en annexe.

Chapitre 3 : Situation actuelle du réseau MT

Postes sources	Nombre de clients MT	Nombre de postes ONED
TIT MELLIL	362	169
ZENATA	21	66
BOUSKOURA	385	125
NOUACER	139	70
OULED AZOUZ	303	224
SIDI MAAROUF	172	152

Tableau 3.5 : nombre de postes clients MT / BT et postes ONED

4.4. Les départs MT :

4.4.1 Les réseaux souterrains :

Au Maroc, l'utilisation des réseaux souterrains est réservée aux zones urbaines denses tandis que les zones rurales sont alimentées en aérien.

Cela se justifie par les coûts importants de mise en œuvre du souterrain (coûts des câbles et tranchées), mais aussi par la nécessité d'y associer une architecture bouclable ou maillée, compte tenu des grandes difficultés de localisation de défauts.

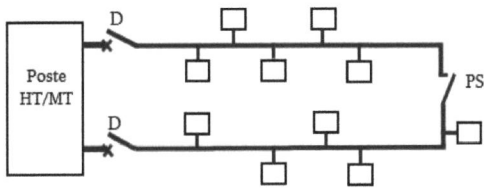

Fig.3.5 : schéma unifilaire du réseau MT souterrain de l'ONE

☐ : Poste MT/BT.
D : Disjoncteur départ.
PS : Point de sectionnement.

4.4.2. Les réseaux aériens :

La structure des réseaux aériens MT est essentiellement arborescente, à une seule voie d'alimentation des charges, avec possibilités de secours par bouclage (en manipulant des points de sectionnement(PS)).

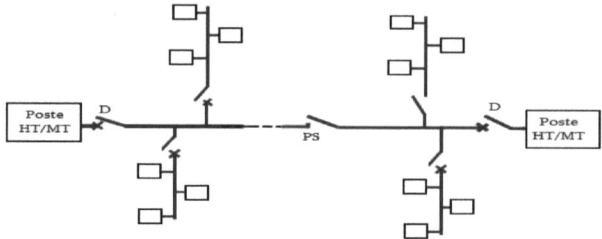

Fig.3.6 : Schéma unifilaire d'un réseau MT aérien de l'ONE

Les différences de structure entre réseaux aériens et souterrains proviennent essentiellement, par nature, de la nécessité de faire face à des indisponibilités beaucoup plus longues en système souterrain.

De plus, dans les zones urbanisées à forte densité de charge, ces indisponibilités affectent un nombre important de clients et les exigences de continuité de fourniture sont, en général, plus fortes que pour des réseaux ruraux aériens.

Le tableau suivant présente les longueurs aériennes et souterraines de l'ensemble des postes sources 60kV / 22kV.

Les détails concernant chaque départ, ainsi que les puissances maximales appelées sont développés en annexe.

Postes sources	Long-aérienne Km	Long-souterraine Km
TIT MELLIL	234,086	43,651
ZENATA	6,906	38,09
BOUSKOURA	172,343	54,588
SIDI MAAROUF	16,354	93,238
OULED AZOUZ	195,036	82,938
NOUACER	78,7	94,55

Tableau 3.6 : longueur aérienne et souterraine des lignes MT de l'ONE

5. Calcul des pertes techniques:

5.1. Pertes totales :

Les pertes techniques sont les pertes fers, joules, et les pertes dus à la surcharge.

On définit le taux de perte comme suit :

Taux de perte= (achat − vente)/achat.

Si on appel R la puissance reçue par la DRC et V la puissance vendue (facturée), la différence R-V (qui est toujours différente de zéro) représente les pertes globales.

Le tableau représente les statistiques des pertes pour la DRC et l'évolution de ces pertes durant les trois dernières années :

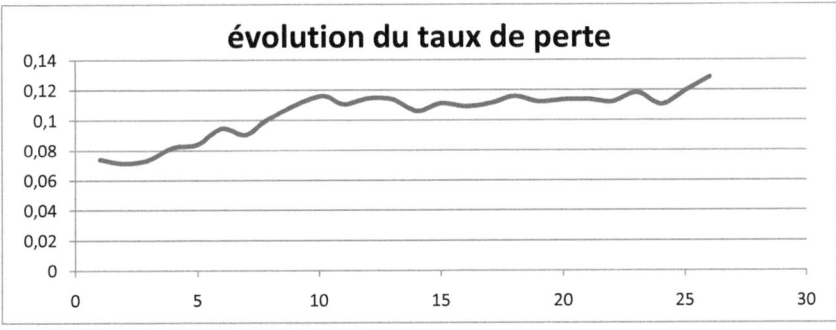

Fig.3.7 : évolution de taux de perte

Nous constatons surtout que le taux de pertes a augmenté, d'une manière continue, de presque 3%, et ceci pour tous les postes et les départs, pour dépasser 12% pendant les derniers mois.

Il faut donc mettre en place un planning pour minimiser ces pertes.

5.2. Pertes joules et chutes de tension :

Pour calculer les chutes de tension et les pertes joules dans le réseau, nous avons utilisé le logiciel CYMDIST avec sa base de données IRD et on a aboutit au résultat suivant :

> Pertes joules total dans les départs MT : les détails de chaque poste sont développés en Annexe.

Postes sources	Pertes joules KW
TIT MELLIL	2025,46
ZENATA	671,04
OULED AZOUZ	5349,5
NOUACER	892,4
BOUSKOURA	3737,19
SIDI MAAROUF	2777
total	15454

Tableau 3.7 : pertes joules dans le réseau MT

> Chutes de tension maximale dans les départs MT: les détails de chaque poste sont développés en Annexe.

Postes sources	Chutes de tension %
TIT MELLIL	9,96 (ZONE INDUSTRIELLE)
ZENATA	9,99 (SALAM B2)
OULED AZOUZ	9,62 (NASSIM)
NOUACER	9,72 (POLE URBAIN)
BOUSKOURA	9,94 (PIB 2)
SIDI MAAROUF	9,9 (FLAHLA)

Tableau 3.8 : chute de tension maximale dans le réseau

5.3. Calcul du courant maximal débité par départ :

On a déterminé les courants admissibles dans les câbles et les comparé aux courants de charges, on a trouvé que les courants de charges sont dans la plage admise du courant, ce qui est le fruit des travaux de prévision et dimensionnement du réseau :

Pour l'ensemble des départs on a ce qui suit :

Courant maximal	Courant minimal	courant moyen
223 (A)	21 (A)	105,6 (A)

Tableau 3.9 : courant débité par départ

Les détails concernant les courants dans chaque départ sont développés en annexe.

6. Facteur de puissance des postes HT/MT et des départs de la DRC :

6.1. Facteur de puissance :

Le facteur de puissance est défini par le rapport suivant :

$$F = \frac{P}{S} \qquad (3.8)$$

En l'absence d'harmoniques, le facteur de puissance est égal à cos (phi).

Par contre, en présence d'harmoniques ces deux valeurs peuvent être très différentes

$$F = Fd * \cos\varphi \qquad (3.9)$$

Fd : facteur de déformation.

Le $\cos\varphi$ (facteur de puissance) est d'autant meilleur qu'il est proche de 1.

Nous allons voir qu'augmenter le $\cos\varphi$ optimise le fonctionnement du réseau électrique.

6.2. La valeur tg φ :

Nous utilisons souvent tg φ au lieu de cosφ.

En l'absence d'harmoniques, l'expression de tg φ est la suivante:

$$\operatorname{tg}\varphi = \frac{Q}{P} \qquad (3.10)$$

6.3. Facteur de puissance F et cos φ en présence d'harmoniques :

En présence d'harmoniques, les définitions sont les Suivantes :

$$F = \frac{P}{S} \tag{3.11}$$

P : puissance active totale (y compris les harmoniques)

S : puissance apparente totale (y compris les harmoniques)

$$\cos\varphi = \frac{P1}{S1} \tag{3.12}$$

P1 : puissance active de la composante fondamentale.

S1 : puissance apparente de la composante fondamentale.

φ : déphasage entre les composantes fondamentales de courant et de tension.

Nous décrivons souvent cos (φ_1) afin de préciser que le déphasage ne s'applique qu'aux composantes fondamentales, cos (φ_1) est donc appelé facteur de déphasage.

Par contre, il n'est pas possible de compenser par des condensateurs l'énergie réactive dû aux harmoniques. Il en résulte qu'en présence d'harmoniques, il est impossible d'obtenir un facteur de puissance égal à 1 en installant des condensateurs. Pour obtenir un facteur de puissance égal à 1, il faut éliminer les courants harmoniques par un filtre actif.

6.4. Taux de distorsion :

Le taux de distorsion caractérise le niveau de pollution du réseau suivant la norme CEI 1000 2-2 :

$$\text{Taux de distosion de la tension} \quad \tau v(\%) = 100 \frac{\sqrt{\sum_{k=2}^{n} V_k^2}}{V1} \tag{3.13}$$

$$\text{Taux de distorsion du courant} \quad \tau i(\%) = 100 \frac{\sqrt{\sum_{k=2}^{n} i_k^2}}{i1} \tag{3.14}$$

Le taux de distorsion défini par la norme CEI représente le rapport entre la valeur efficace des harmoniques et la valeur efficace du fondamental (signal non déformé). Cette valeur caractérise bien le niveau de pollution apporté au réseau. Nous utiliserons cette définition dans la suite de notre étude.

6.5. Elimination des harmoniques :

Les courants harmoniques sont générés par les charges non-linéaires, c'est-à-dire, absorbant un courant n'ayant pas la même forme d'onde que la tension qui les alimentent.

L'influence de ces charges sur le réseau est fonction du rapport de puissance consommé et puissance installé du réseau.une charge de faible puissance (quelque KVA) sera d'influence négligé sur un réseau de quelque MVA.par contre une charge de grande puissance peut polluer le réseau.

Une autre mesure pour diminuer les harmoniques dans le réseau consiste à obliger les clients MT qui utilisent des matériels polluants à installer leur propre filtre anti harmonique.

La plupart des charges connectées au réseau sont toutefois symétriques, c'est-à-dire que les Demi-alternances de courant sont égales et opposées. Dans ce cas, les harmoniques de rangs pairs sont nuls.

Les transformateurs MT/BT sont branchés en triangle étoile, avec l'équilibre des charges sur les phases (chose qui peut être vérifié avec la loi du grand nombre) ceci élimine les harmonique multiple de trois.

Nous concluons donc que le réseau MT de la DRC peut être considéré comme un réseau non pollué.

6.6. Calcul cos(φ) :

On a procédé au calcul du cos φ mensuel de chaque départ durant la période de février 2009 jusqu'à janvier 2010, afin de voir l'évolution de ce dernier et pouvoir juger le besoin en compensation après.

Le tableau qui suit illustre les résultats obtenus :

Poste source	départ	Cos Φ
TIT MLIL	ANASSI	0,78841
	AVIATION TIT.M	0,93149099
	ZONE INDUS	0,97571997
	MEDIOUNA	0,93809482
	EL GARA	0,9177493
	NOUACER	0,92644481
	DAR SRIDJ	0,87712536
ZENATA	AZHAR 2	0,92226962
	AV TIT MLIL	0,90958052
	AZHAR 1	0,8678301
	ANASSI	0,82356634
	SOMACA1	0,90045599
NOUACER	POLE URBAIN 2	0,96615981
	TIT MLIL	0,97103443
	DEROUA	0,91420828
	MEDIOUNA	0,93528319
	POLE URBAIN 1	0,90678611
	BOUSKOURA	0,99092193
	TECHNOPOLE 2	0,99798923
	AIR CELL	0,99713449
	TECHNOPOLE 1	0,97640724
	SAPINO 2	0,9811273
OULED AZZOUZ	AL KHOUZAMA	0,92505639
	SOMASTEEL	0,71170747
	ZIBOUAZZA	0,93814849
	KSARNOZHA	0,99999165
SIDI MAAROUF	LA COLINE	0,96623294
	SAADA	0,95438553
	MEDERSA	0,95926
	BAB EL KHEIR	0,94136379
	LISSASFA	0,95391387
	NASSIM	0,93117642
	FACEMAG	0,97879548
	LINA	0,98927489
BOUSKOURA	SOTHEMA	0,96651686
	PIB2	0,9686525

Tableau 3.10 : facteur de puissance des départs

Nous avons fait la même chose pour les postes HT/MT.

Le tableau qui suit illustre les résultats obtenus :

Postes sources	cosφ
TIT MELLIL	0,91979682
ZENATA	0,89843088
NOUACER	0,97285657
OULED AZZOUZ	0,95854044
SIDI MAAROUF	0,96646278
BOUSKOURA	0,97413441

Tableau 3.11 : facteurs de puissance des postes sources

Pour les postes HT/MT seul deux postes (ZENATA et TIT MELLIL) incorporent le facteur de puissance le plus bas.

Conclusion :

Nous avons présentés dans ce chapitre l'état actuel du réseau moyen tension de Casablanca.

Nous avons calculés les pertes joules, les chutes de tension dans les câbles et les transformateurs, ainsi que les facteurs de puissances des départs et des postes sources.

Dans le chapitre suivant, nous allons analyser ces résultats.

Introduction :

Après avoir présenté l'état actuel du réseau, nous allons analyser dans ce chapitre les résultats obtenus, tout en adoptant des méthodes d'optimisation et d'analyse.

Méthode d'optimisation des postes sources à compenser :

Pour déterminer le nombre optimal de poste à compenser, nous avons adopté la méthode ABC :

1. Loi de Pareto – méthode ABC :

1.1. Objectif :

L'outil Pareto aussi connue sous le nom ABC a pour but de sélectionner, dans une population de donnée, les sujets les plus représentatifs en regard d'un critère chiffrable. Généralement cette sélection sera effectuée pour simplifier l'étude d'un problème en ne retenant que les éléments les plus significatifs.

On peut récapituler le but comme suit :

- Faire apparaitre les causes essentielles du phénomène.
- Hiérarchiser les causes d'un problème.
- Evaluer les effets d'une solution.
- Mieux cibler les actions à mettre en œuvre.

1.2. Méthodologie – démarche :

La démarche à suivre est la suivante :

- Etablir la liste des données.
- Quantifier chacune de ces données.
- Effectuer la somme des valeurs obtenues.
- Calculer pour chaque valeur le pourcentage.
- Classer les valeurs décroissantes.
- Représenter le graphique des valeurs cumulées.

1.3. Application de cette loi à notre cas :

Afin d'atteindre nos objectifs, et mieux cerner le problème nous allons suivre la démarche déjà expliquée.

Avant cela nous allons définir un coefficient R qui représentera les pertes en puissance active sur le réseau alimenté par les départs déjà signalé.

Nous avons pris l'ensemble des départs et nous avons défini et calculé pour chacun d'eux un coefficient R.

En effet :

L'augmentation du cos (Φ) de la charge permet de transporter plus de puissance active pour un même courant apparent dans les câbles ou les transformateurs.

Prenant un câble (ou transformateur) qui transporte une puissance active :

$$P=\sqrt{3}*U*I*\cos\Phi \qquad (4.1)$$

Si on compense de façon à obtenir un $\cos\Omega=0{,}995$; à courant apparent constant, on pourra transporter une puissance active :

$$P'=\sqrt{3}*U*I*\cos\Omega \qquad (4.2)$$

Donc:

$$P'/P = \cos\Omega/\cos\Phi \qquad (4.3)$$

On déduit que pour un même courant apparent, la puissance active transporter est proportionnelle à $\cos\Phi$.

On définit notre R (pertes en puissance active) comme suit :

$$R=P'-P=P*[(\cos\Omega/\cos\Phi)-1] \qquad (4.4)$$

Dans la suite on prendra les pertes en puissance active sur le réseau comme critère pour juger sur l'optimum des départs à étudier.

La démarche à suivre est illustré sur le tableau qui suit et qui nous permet de tracer le graphe ABC.

Chapitre 4 :	Etude critique et Analyse de l'état actuelle

1.3.1. Tableau de donnée (METHODE ABC) : Tableau 4.1

Départ	R	cumulé	% des pertes	% des départs
Tit-DAR SRIDJ	0,559573272	0,5595733	0,084680697	0,025641026
Azzouz-AL KHOUZAMA	0,541001394	1,1005747	0,166550895	0,051282051
Zen-AZHAR 1	0,486300082	1,5868747	0,240143098	0,076923077
Zen-SOMACA 1	0,450024293	2,036899	0,308245655	0,102564103
Tit-MEDIOUNA	0,442501794	2,4794008	0,375209826	0,128205128
Tit-EL GARA	0,43765504	2,9170559	0,441440533	0,153846154
Zen-ANASSI	0,378177704	3,2952336	0,498670485	0,179487179
Tit-AVIATION TIT.M	0,354458983	3,6496926	0,552311063	0,205128205
Tit-NOUACER	0,327504842	3,9771974	0,601872648	0,230769231
Azzouz-ZIBOUAZA	0,312889645	4,290087	0,649222502	0,256410256
Sidi-SAADA	0,27807163	4,5681587	0,691303317	0,282051282
Azzouz-SOMASTEEL	0,268922581	4,8370813	0,731999599	0,307692
Zen-AZHAR 2	0,245821393	5,0829027	0,769199958	0,333333333
Sidi-BAB EL KHEIR	0,202351362	5,285254	0,799821961	0,358974359
Noua-DEROU	0,164876307	5,4501303	0,824772832	0,384615385
Sidi-LISSASFA	0,164128889	5,6142592	0,849610596	0,41025641
Sidi-LA COLINE	0,16328073	5,7775399	0,874320007	0,435897436
Sidi-MEDERSA	0,144693729	5,9222337	0,896216631	0,461538462
Noua-MEDIOUNA	0,132527415	6,0547611	0,916272117	0,487179487
Sidi-NASSIM	0,129343129	6,1841042	0,935845722	0,512820513
Noua-FACEMAG	0,109613297	6,2937175	0,952433595	0,538461538
Bous-SOTHEMA	0,062934968	6,3566525	0,961957597	0,564102564
Noua-TECHNOPOLE 1	0,060507754	6,4171602	0,971114287	0,58974359
Bous-PIB2	0,051689257	6,4688495	0,978936466	0,615384615
Zen-AV TIT MLIL	0,051222677	6,5200722	0,986688037	0,641025641
Tit-ZONE INDUS	0,028374918	6,5484471	0,990982037	0,666666667
Noua-SAPINO 2	0,01183532	6,5602824	0,992773086	0,692307692
Sidi-LINA	0,01109736	6,5713798	0,994452459	0,717948718
Noua-POLE URBAIN 2	0,010653578	6,5820333	0,996064674	0,743589744
Noua-TIT MLIL	0,010316069	6,5923494	0,997625813	0,769230769
Noua-AIR CELL	0,00322897	6,5955784	0,998114456	0,794871795
Noua-TECHNOPOLE 2	0,003159349	6,5987377	0,998592563	0,820512821
Noua-POLE URBAIN 1	0,003140986	6,6018787	0,999067891	0,846153846
Noua-BOUSKOURA	0,001984936	6,6038637	0,999368273	0,871794872
Azzouz-KSARNOZHA	1,0476E-05	6,6038741	0,999369858	0,897435897
Azzouz -LISSASFA	0,0010652	6,6049393	0,999531056	0,923076923
Azzouz-DAR BOUAZZA	0,0010545	6,6059938	0,999690634	0,948717949
Azzouz-DOMROY	0,0010443	6,6070381	0,999848669	0,974358974
Azzouz -Q.I SWALEM1	0,001	6,6080381	1	1

1.3.2. Représentation graphique des résultats: courbe ABC

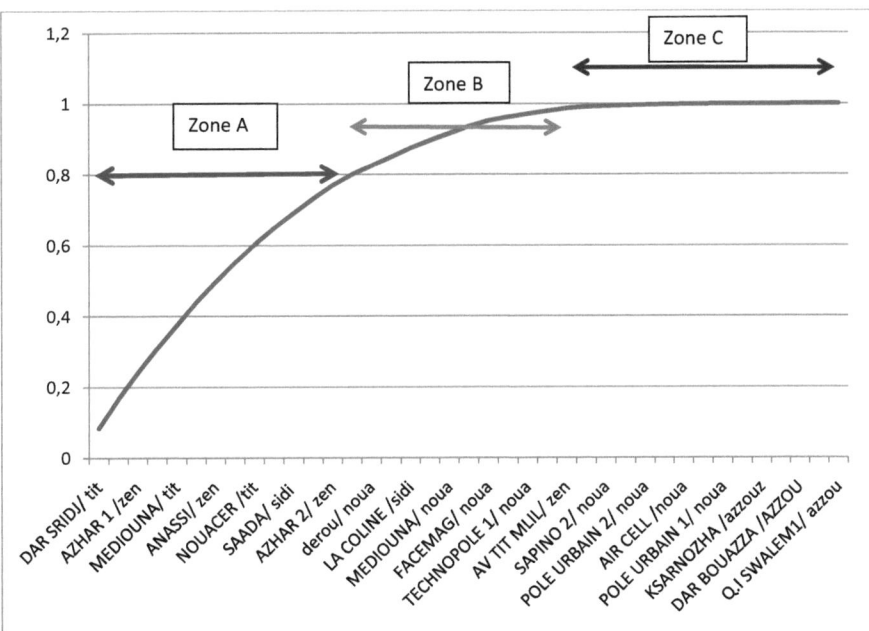

Fig.4.1 : courbe représentative de la méthode ABC

Les abscisses représentent les départs par ordre de priorité.

On porte en ordonnée le pourcentage en perte en puissance active totale.

1.3.3. Interprétation de la courbe :

D'après le graphe, on définit trois zones

> **Zone A :**

C'est la zone qui rassemble les départs prioritaires à étudier afin de résoudre le problème des pertes en puissance active.

Les départs sont les suivants :

Tit-DAR SRIDJ
AL KHOUZAMA
Zen-AZHAR 1
Zen-SOMACA 1
Tit-MEDIOUNA
Tit-EL GARA
Zen-ANASSI
Tit-AVIATION TIT.M
Tit-NOUACER
Azzouz-ZIBOUAZZA
Sidi-SAADA
Zen-AZHAR 2
BAB EL KHEIR

Tableau 4.2 : zone A de Pareto

Etudier ces 13 départs permet de résoudre le problème de pertes en puissance active, c'est à dire 35% de l'ensemble attribuer permet de gagnée 80% de puissance active non distribuer.

Nous constatons que ces 13 départs sont dispersés sur les postes sources comme suit :

- TIT MELLIL : cinq départs.
- ZENATA : quatre départs.
- SIDI MAAROUF : deux départs.
- OULED AZZOUZ : deux départs.

> **Zone B :**

70% des départs cumulent 99% des pertes en puissance active dans le réseau.

Le tableau suivant illustre les départs concernés :

Noua-DEROUA
Sidi-LISSASFA
Sidi-LA COLINE
Sidi-MEDERSA
Noua-MEDIOUNA
Sidi-NASSIM
Noua-FACEMAG
Bous-SOTHEMA

Noua-TECHNOPOLE 1
Bous-PIB2
Zen-AV TIT MLIL
Tit-ZONE INDUS
Noua-SAPINO 2

Tableau 4.3 : zone B de Pareto

Ces départs sont disposés comme suit :

- TIT MELLIL : un seul.
- ZENATA : un seul.
- SIDI MAAROUF : quatre départs.
- NOUACER : cinq départs.
- BOUSKOURA : deux départs.

> **Zone C :**

Les 12 derniers départs représentent 1% des pertes en puissance active sur le réseau.

Il paraît évident de ne pas s'en intéressé du fait de leur apport minimal en pertes en puissance active. (Non distribuer).

Sidi-LINA
Noua-POLE URBAIN 2
Noua-TIT MLIL
Noua-AIR CELL
Noua-TECHNOPOLE 2
Noua-POLE URBAIN 1
Noua-BOUSKOURA
Azzouz-KSARNOZHA
Azzouz-LISSASFA
Azzouz-DAR BOUAZZA
Azzouz-DOMROY
Azzouz -Q.I SOUALEM1

Tableau 4.4 : zone C de Pareto

En analysant les résultats obtenus par la méthode ABC on constate que la majorité des départs de la zone A sont réparties sur les postes sources de Zenâta et TIT MELLIL.

✓ **Poste SIDI MAAROUF :**

On constate que le cosΦ des départs et du poste sont assez élevés, mais il figure dans la zone A de Pareto, cela est justifié du fait de la grande puissance débité par ce poste, qui alimente une zone large, en plein essor ainsi que des zones offshore.

1.3.4. Pertes en puissance active dans les transformateurs :

La même démarche à été suivie pour déterminer les pertes en puissance active pour les transformateurs en définissant le même coefficient R, et on a abouti aux résultats rassemblés dans le tableau suivant :

Postes sources	Pertes en puissance active %
ZENATA	3,86 MW
TIT MELLIL	3 MW
OULED AZZOUZ	2,28 MW
BOUSKOURA	1,54 MW
SIDI MAAROUF	1,14 MW
NOUACER	0,44 MW

Tableau 4.5 : pertes en puissance active pour les transformateurs

On constate que l'amélioration du facteur de puissance (cos phi) de la charge permet au transformateur de fournir plus de puissance active, c'est-à-dire que P s'approche de S.

Ces résultats confirment ceux obtenus par l'analyse ABC pour l'ensemble de départs.

Donc on se focalisera pour notre sur les postes TIT MELLIL, ZENATA.

2. Analyse du Poste TIT MELLIL :

Le poste TIT MELLIL débitent dans des lignes à majorité aérien qui sont de nature inductives (84% des lignes sont aérien), et alimentent plus de poste client de postes ONED (68%des postes clients).

Ces postes clients sont des industries qui travaillent sous un cos phi =0,85 au mieux.

2.1. Industrie installée dans la zone de TIT MELLIL :

Secteur	N_{bre} établissements
I.A.A	103
I.T.C	168
I.C.P	146
I.M.M	290
I.E.E	180
TOTAL	887

Tableau 4.6 : industrie installée dans la zone TIT MELLIL

IAA: Industrie Agro-alimentaire ;

ITC: Industrie textile et cuir ;

ICP: Industrie Chimique et Parachimique ;

IMM: Industrie Métallique et Métallurgique ;

IEE: Industrie Electrique et Electronique.

2.2. Evolution de la demande en P et Q :

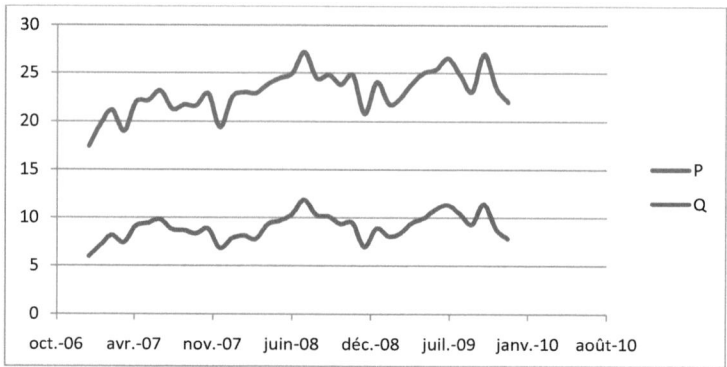

Fig.4.2 : évolution de P et Q dans le poste TIT MELLIL

Nous constatons l'augmentation de la consommation en P et Q d'année en année ce qui est du à l'évolution de la charge.

Nous constatons aussi une périodicité dans l'allure de P et Q, qui est du à la répartition de la consommation selon l'année : la pointe se situe entre juin et juillet car de nouveaux besoin apparaissent dans ces mois (la climatisation notamment) et les creux de consommation situés en général en novembre.

Pour obtenir une vue plus significatif nous allons tracer l'évolution du Cos (φ) :

2.3. Evolution du cos φ :

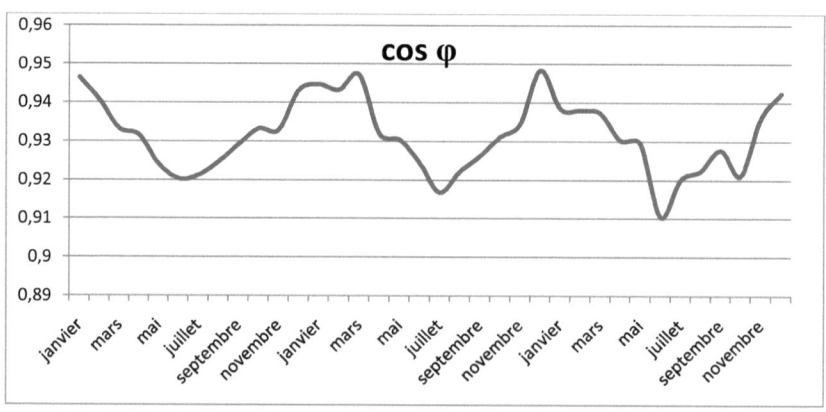

Fig.4.3 : évolution du cos φ du poste TIT MELLIL

Chapitre 4 : Etude critique et Analyse de l'état actuelle

On constate que le cos phi varie d'une façon pseudopériodique d'une valeur de 0,94 comme valeur maximale à moins de 0,91, toutefois les deux valeurs diminuent d'année en année, ce qui est équivalent à dire que l'évolution en consommation de Q est plus grande que celle de P. On a donc interpolé l'évolution des minimums et des maximums sur les figures ci-dessus :

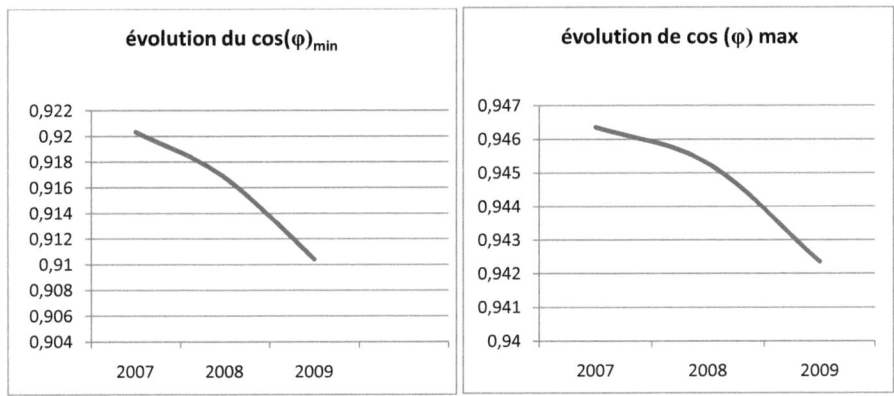

Fig.4.4 : évolution de l'enveloppe max et min du cos φ du poste TIT MELLIL

Ces figures confirment le constat cité ci-dessus, le cos (φ) va donc continuer sa diminution annuelle.

Nous concluons que le taux d'évolution de l'énergie réactive dépasse celui de l'énergie active.

3. Analyse du poste ZENATA :

Ce poste débite dans des câbles à majorité souterrain (84% en souterrain) qui alimentent 87 postes dont 75% sont des postes ONED.

3.1. Industrie installée dans la zone de ZENATA :

Chapitre 4 : Etude critique et Analyse de l'état actuelle

Secteur	N^{bre} établissements
I.A.A	32
I.T.C	106
I.C.P	85
I.M.M	173
I.E.E	143
TOTAL	539

Tableau 4.7 : industrie installée dans la zone de ZENATA

IAA: Industrie Agro-alimentaire ;

ITC: Industrie textile et cuir ;

ICP: Industrie Chimique et Parachimique ;

IMM: Industrie Métallique et Métallurgique ;

IEE: Industrie Electrique et Electronique.

3.2. Evolution P et Q :

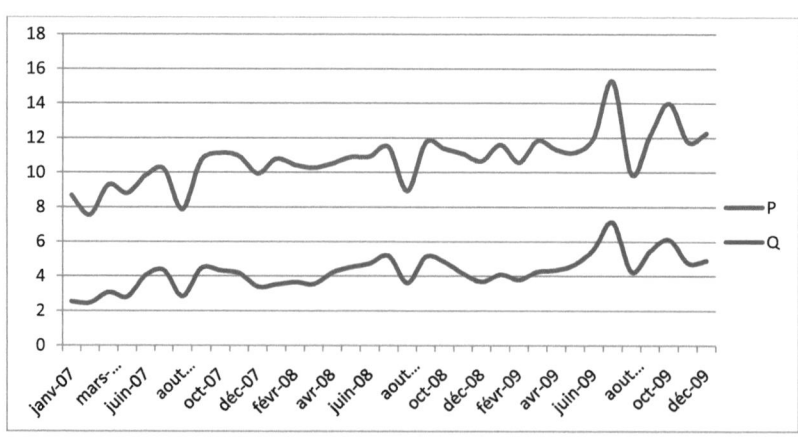

Fig.4.5 : évolution de P et Q dans le poste de ZENATA

De même que le poste de TIT MELLIL, nous constatons une augmentation de la demande en Q et P progressivement due à l'appel des clients.

La courbe d'évolution de Q suit celle d'évolution de P.

Pour avoir une idée plus précise sur le taux d'évolution en Q et en P on trace l'évolution du cos φ et on obtient la figure qui suit :

3.3. Evolution de cos phi :

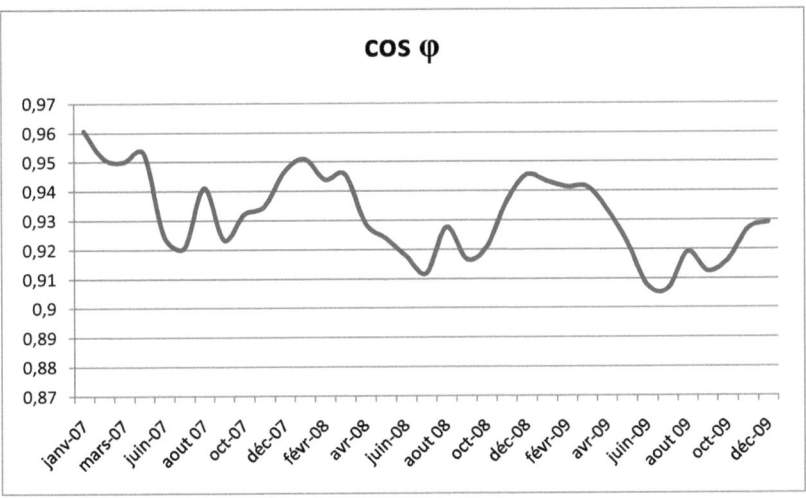

Fig.4.6 : évolution du cos φ du poste de ZENATA

Le cos phi diminue d'une façon régulière d'année en année, cela justifie clairement l'utilité de l'améliorer.

Pour envelopper l'évolution de cos (φ) on trace son min et son max comme suit :

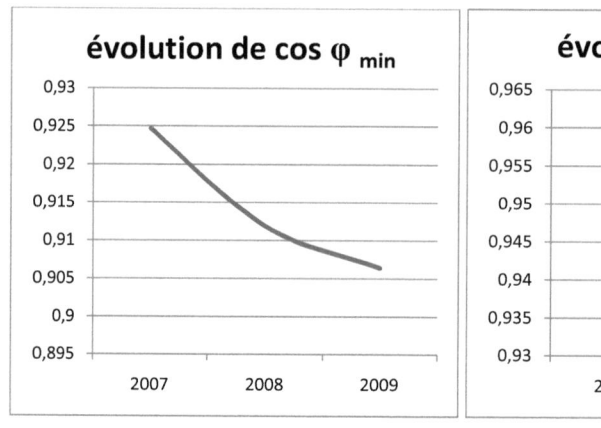 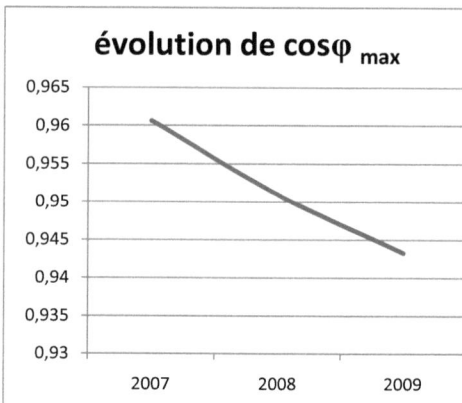

Fig.4.7 : évolution de l'enveloppe max et min du cos φ du poste ZENATA

Nous concluons que le taux d'évolution de l'énergie réactive dépasse celui de l'énergie active, c'est dire que le cos φ va continuer sa diminution.

4. Analyse des pertes et surcharges:

4.1. Perte joule :

Le total des pertes par effet joules dissipé dans les départs associées aux poste TIT MELLIL et ZENATA et 2696,5 KW ;

Ils contribuent de 17% de pertes techniques globales.

4.2. Chutes de tension :

En ce qui concerne les départs située dans la zone A on a :

Chute tension maximale : 9,97% pour le départ AZHAR 2 (Zenata).

On constate que les chutes de tension ne dépassent pas la valeur contractuelle qui est de 10%.

Chapitre 4 : Etude critique et Analyse de l'état actuelle

4.3. Surcharges des câbles et transformateurs :

4.3.1. Transformateurs :

La surcharge des transformateurs est due d'une part à la circulation et la demande en énergie réactive, mais surtout que ces transformateurs ont étaient installée vue des prévisions de demande en puissance active qui à été dépasser.

4.3.2. Câble :

Le courant maximal circulant dans les câbles ne dépasse pas la limite admissible vue que les câbles ont était récemment mis en place dans toute la direction.

(Utilisation de nouveau type de câble ALMELEC 148 mm^2).

Conclusion :

Après avoir analysé l'état actuel du réseau en utilisant la méthode ABC, nous avons trouvé que l'optimum des postes à compenser est TIT MELLIL et ZENATA.

Nous avons confirmé le besoin de la compensation dans ces deux postes en se basant sur les prévisions de l'évolution du facteur de puissance de chaque poste.

Dans le chapitre suivant, nous allons étudier la solution optimale en prenant en compte les contraintes technico-économique.

Introduction :

Si aucun moyen de production de puissance réactive autre que les alternateurs n'était installé, les centrales auraient à produire et les différents éléments du réseau auraient à transporter autant de MVAR que de MW.

Pour éviter des pertes et des chutes de tension importantes sur le réseau, les études ont montré que :

- Pendant les heurs de fortes charges, les alternateurs ne doivent fournir qu'une petite part de la production totale de la puissance réactive, et que la plus grande partie de cette production doit être assuré par des systèmes de compensation situés au plus prés de la consommation.

- Par contre pendant les heurs de faible charge, il importe que les systèmes de compensation déjà installés soient mis hors service, de façon que le réseau de distribution, non seulement ne renvoi pas de puissance réactive sur les réseaux de transport, mais en absorbe même une certaine quantité.

Dans ce chapitre on va s'intéresser aux différents systèmes de compensation de l'énergie réactive, ainsi que leur installation, protection, régulation (commande) et exploitation.

1. Système de compensation de l'énergie réactive :

Parmi les moyens de compensations réactives on a:

- Compensateur synchrone.
- Systèmes FACTS.
- Batterie de condensateur.

1.1. Compensation de l'énergie réactive en utilisant le Compensateur synchrone :

1.1.1. Généralités :

Il peut être assimilé à un moteur synchrone fonctionnant à vide, c'est à dire que son arbre n'est soumis à aucun couple résistant, qui serait peut-être considérer comme charge.

Chapitre 5 : solution technique et recommandation

Le stator est branché au réseau à un courant triphasé, sur le rotor est enroulée une bobine d'excitation. On peut donc considéré que le compensateur synchrone consomme une très faible quantité de puissance active égale aux pertes par échauffements dans ces enroulements du stator et par frottement. Nous devons limiter la puissance active et augmenter un peu la puissance réactive.

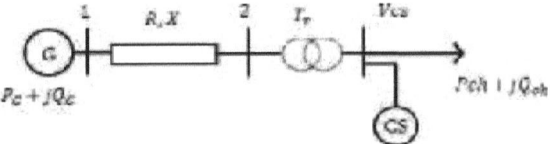

Fig. 5.1: Schéma d'alimentation d'un réseau électrique avec un compensateur synchrone.

Les compensateurs synchrones permettent de régler les puissances transmises par les diverses lignes d'alimentation. Aux heures de fortes charges, ils créent beaucoup de réactive pour diminuer les chutes de tension. Ils peuvent être nécessaires à certains moments de leur faire absorber de la puissance réactive, par exemple pour compenser l'élévation de tension créée par une longue ligne à vide.

Leur puissance est de (20 à 60) Mvar en fourniture et de (10 à 30) Mvar en absorption.

1.1.2. Fonctionnement des quatre quadrants :

Une des particularités de la machine synchrone est sa capacité à fonctionner dans les quatre Quadrants électriques. Il est en effet possible de rendre à volonté la machine inductive ou capacitive, Que ce soit en fonctionnement moteur ou générateur. Il suffit pour cela de jouer sur l'amplitude de E, c'est à dire sur le courant d'excitation rotorique. On obtient alors les diagrammes de Behn-Eschenbourg suivants :

Chapitre 5 :   solution technique et recommandation

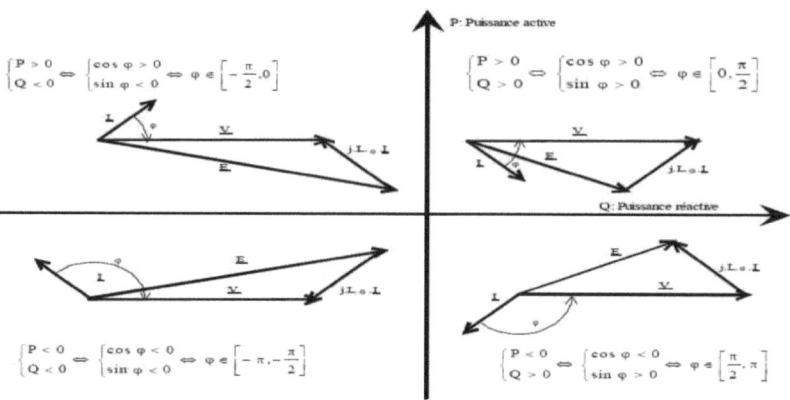

Fig.5.2 : diagramme de Behn-Eschenbourg

Il est possible de constater que lors d'un fonctionnement capacitif, la f.é.m. E est supérieure à la tension d'alimentation, on dit que la machine est surexcitée. Lors d'un fonctionnement inductif, la f.é.m. E est inférieure à la tension d'alimentation, on dit que la machine est sous excitée.

Nota : l'amplitude de E est proportionnelle au courant continu I_f circulant dans le rotor si on néglige la saturation. Il faut donc bien voir que E dépend de la valeur donnée au courant d'excitation I_f.

Inconvénient :

- ✓ L'inconvénient majeur du compensateur synchrone est le cout : le cout d'installation et de maintenance est très élevé par rapport aux autre systèmes de compensation, ajoutons à ceci le système de démarrage et de protection de la machine. Toutefois s'ils sont déjà installés sur place leur exploitation peut s'avérer utile.

- ✓ Si le compensateur absorbe de la puissance réactive, l'angle interne se rapproche de 90 ° et le risque d'instabilité est plus important lors d'une perturbation.

Cette solution est à éliminer sur les réseaux de l'ONE pour les raison qu'on vient de citer.

Chapitre 5 :   solution technique et recommandation

1.2. Compensation de l'énergie réactive par les systèmes FACTS :

1.2.1. Introduction :

Le concept FACTS regroupe tous les dispositifs à base d'électronique de puissance qui permettent d'améliorer l'exploitation du réseau électrique. La technologie de ces systèmes (Interrupteur statique) leur assure une vitesse supérieure à celle des systèmes électromécaniques classiques. De plus, elles peuvent contrôler le transit de puissance dans les réseaux et augmenter la capacité efficace de transport tout en maintenant voir en améliorant, la stabilité des réseaux. Les systèmes FACTS peuvent être classés en trois catégories :
- ✓ les compensateurs parallèles.
- ✓ les compensateurs séries.
- ✓ les compensateurs hybrides (série - parallèle).

Les compensateurs les mieux adapté à la compensation de l'énergie réactive dans les postes sources sont ceux de type parallèle.

Nous allons donc nous contenté d'étudier se type de compensateur.

1.2.2. Compensateurs parallèles :

Ces équipements sont constitués essentiellement d'une inductance en série avec un gradateur. Le retard à l'amorçage des thyristors permet de régler l'énergie réactive absorbée par le dispositif.

En effet tous les compensateurs parallèles injectent du courant au réseau via le point de raccordement. Quand une impédance variable est connectée en parallèle sur un réseau, elle consomme (ou injecte) un courant variable. Cette injection de courant modifie les puissances actives et réactive qui transitent dans la ligne. On va donc présenter Les compensateurs parallèles les plus utilisés :

1.2.2.1. Compensateurs parallèles à base de thyristors :

- ✓ **TCR** (Thyristor Controlled Reactor) :

Dans le TCR (ou RCT : Réactances Commandées par Thyristors), la valeur de l'inductance est continuellement changée par l'amorçage des thyristors.

Chapitre 5 :   solution technique et recommandation

✓ **TSC** (Thyristor Switched Capacitor) :

Dans le TSC (ou CCT : Condensateurs Commandés par Thyristor), les thyristors fonctionnent en pleine conduction.

✓ **SVC** (Static Var Compensator) :

L'association des dispositifs TCR, TSC, bancs de capacités fixes et filtres d'harmoniques constituent le compensateur hybride, plus connu sous le nom de SVC (compensateur statique d'énergie réactive).

La caractéristique statique est donnée sur la figure I.1. Trois zones sont distinctes:

- une zone où seules les capacités sont connectées au réseau,
- une zone de réglage où l'énergie réactive est une combinaison des TCR et des TSC,
- une zone où le TCR donne son énergie maximale (butée de réglage), les condensateurs sont déconnectés.

Tous sont utilisés pour contrôler la tension (la puissance réactive).

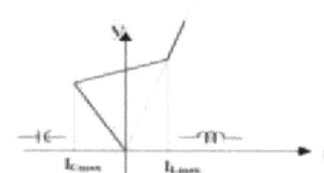

Fig.5.3 : caractéristique du SVC

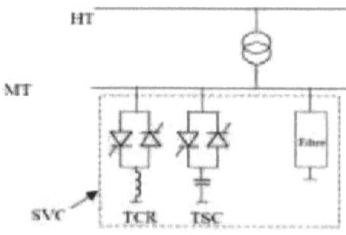

Fig.5.4 : schéma de positionnement du SVC sur le jeu de barre MT

Chapitre 5 : solution technique et recommandation

1.2.2.2. Compensateurs parallèles STATCOM :

Le STATCOM présente plusieurs avantages :

- ✓ Bonne réponse à faible tension : le STATCOM est capable de fournir son courant nominal, même lorsque la tension est presque nulle.

- ✓ bonne réponse dynamique : Le système répond instantanément.

En ce qui concerne les inconvénients :

Le STATCOM de base engendre de nombreux harmoniques. Il faut donc utiliser, pour résoudre ce problème, des compensateurs multi-niveaux à commande MLI ou encore installer des filtres.

La figure 5.5. Représente le schéma de base d'un STATCOM. Les cellules de commutation sont bidirectionnelles, formées de GTO et de diode en antiparallèle. Le rôle du STATCOM est d'échanger de l'énergie réactive avec le réseau. Pour ce faire, l'onduleur est couplé au réseau par l'intermédiaire d'une inductance, qui est en général l'inductance de fuite du transformateur de couplage.

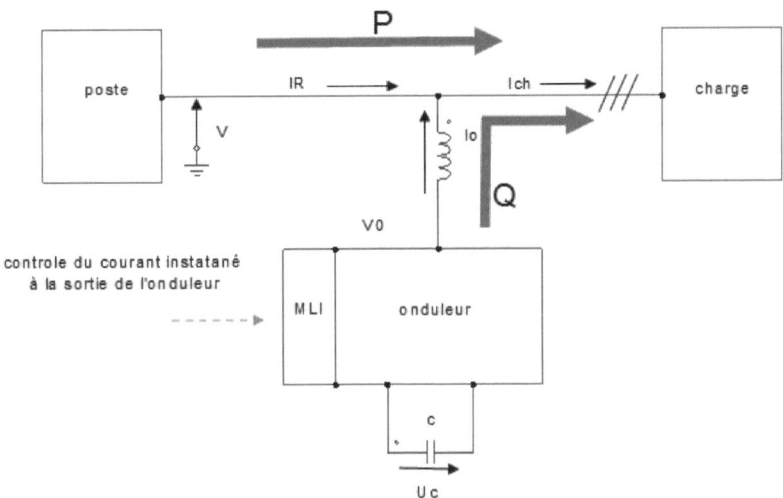

Fig.5.5 : Schéma du STATCOM

Relations fondamentales :

$$i_{ch} = i_R + i_0 \tag{5.1}$$

$$\frac{di_0}{dt} = \frac{V_0 - V}{L} \tag{5.2}$$

Avec :
- V_0 tension à la sortie du convertisseur.
- V tension du réseau.

L'inductance L : L'inductance L est souvent l'inductance de fuite du transformateur de liaison entre le convertisseur et le réseau

Le condensateur : c'est la source DC de l'onduleur. Les pertes dans le convertisseur font décharger le condensateur. Pour remédier à ce problème une boucle de réglage pour maintenir sa tension constante est mise en place.

La commande du STATCOM :

La méthode basée sur la MLI met en œuvre d'abord une première boucle de régulation à base de régulateur PI, qui, à partir de l'écart entre le courant et sa référence, détermine la tension de référence de l'onduleur (modulatrice).
Cette dernière est ensuite comparée avec un signal en dent de scie à fréquence élevée (porteuse), la sortie du comparateur fournit l'ordre de commande des interrupteurs.

Une deuxième boucle de régulation augmente ou diminue la tension DC aux bornes du Condensateur afin de contrôler la tension AC à la sortie de l'onduleur, en agissant sur l'angle de déphasage entre V_0 et V.

Trois cas spécifiques se présentent :

- ✓ $V_0 = V$: ⟹ $i_0 = 0$ la compensation est donc nulle.

Chapitre 5 : solution technique et recommandation

- ✓ $V_0 > V$: ⟹ i_0 est en avance de $\pi/2$ sur V, le convertisseur fournit donc de la puissance réactive aux réseaux et se comporte comme un condensateur sans que ce dernier ne soit présent physiquement, ce qui élimine les risques de résonances.
- ✓ $V_0 < V$: ⟹ i_0 est en retard de $\pi/2$ sur V, le convertisseur consomme donc de la puissance réactive et se comporte donc comme une inductance.

Puissance réactive du STATCOM :

Le STATCOM (ensemble C, OND, L) doit fournir la puissance réactive. Ainsi, le poste source fournit uniquement la puissance active.

Pour cela, le circuit de contrôle (boucles de régulation), en agissant sur la commande MLI, doit imposer la valeur instantanée du courant débité par l'onduleur ($i_{01,2,3}$) de telle sorte que le courant fourni par le réseau ($i_{R1,2,3}$) soit sinusoïdal et en phase avec la tension simple correspondante ($V_{1,2,3}$).

Dans le cas général, le courant absorbé par la charge comporte une composante active (i_{cha}), une composante réactive (i_{chr}).

$$i_{ch} = i_{ch.a} + i_{ch.r} \qquad (5.3)$$

Le STATCOM ne peut absorber ou fournir de la puissance active (aux pertes près) puisqu'il ne comporte pas de source active.

Conséquences :

$i_R = i_{ch.a}$ ⟹ Le poste source fournit la puissance active absorbée par la charge.

$i_0 = i_{ch.r}$ ⟹ Le compensateur actif fournit la puissance réactive.

La puissance réactive fournie par le compensateur actif s'exprime par :

$$\left. \begin{array}{l} Q = 3 * V_{ef} * i_{0ef} \\ \\ I_{0ef} = \dfrac{V_{0ef} - V_{ef}}{Lw} \end{array} \right\} \Longrightarrow Q = 3V * \dfrac{V_{0ef} - V_{ef}}{Lw} \qquad (5.4)$$

Chapitre 5 : solution technique et recommandation

La tension onduleur alternative (Vo) est liée à la tension continue (Uc) au borne du condensateur et au coefficient de réglage (r) :

$$Voef = r * \frac{Uc}{2\sqrt{2}} \qquad (5.5)$$

(r : rapport des amplitudes de la référence et de la porteuse de la commande MLI).

On en déduit :

$$Q = K * r - Q_{cc} \qquad (5.6)$$

Avec :

$$Qcc = \frac{3.Vef^2}{Lw} \qquad \text{Et} \qquad K = \frac{3.Vef.uc}{2\sqrt{2}*Lw} \qquad (5.7)$$

La puissance réactive maximale que peut fournir le compensateur (quand r = rmax) est fonction de la valeur de Uc (mais également de I_{0efmax} : Qmax = 3.Vef.I0efmax).

Performance du STATCOM :

Ce dispositif ne peut échanger que de l'énergie réactive de nature inductive ou capacitive uniquement à l'aide d'une inductance.

Contrairement au SVC, il n'y a pas d'élément capacitif qui puisse provoquer des résonances avec des éléments inductifs du réseau. La caractéristique statique de ce convertisseur est donnée par la figure 5.6.

Ce dispositif a l'avantage, contrairement au SVC, de pouvoir fournir un courant constant important même lorsque la tension V diminue.

Chapitre 5 : solution technique et recommandation

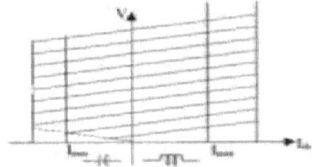

Fig.5.6 : caractéristique du STATCOM

Nous n'allons pas utiliser la compensation FACTS à cause de :

- Prix élevé de 500000DH / MVAR qui va retarder le temps de retour d'investissement.
- Ce dispositif est surtout utilisé pour améliorer la stabilité dynamique des réseaux : amortissement des fluctuations de puissance, accroissement de la stabilité des transitoires.
- Manque de personnel formé en système FACTS.

La seule solution qui reste est les batteries de condensateurs, on va par la suite détailler cette étude.

2. Comparaison entre la compensation par batterie de condensateur en HT, MT et BT :

2.1. Compensation de l'énergie réactive en BT :

Les batteries de condensateurs en basse tension sont installées dans les postes MT/BT en aval du poste de comptage.

Actuellement, les condensateurs ont une tension assignée qui dépasse rarement 1 000 V. Ils sont généralement connectés en triphasé et couplés en triangle.

Les batteries ont une puissance modérée (Q < 1 Mvar). Elles peuvent être équipées d'inductances de choc pour limiter le courant d'appel à l'enclenchement ou d'inductances anti harmoniques pour protéger les condensateurs des harmoniques.

2.2. Compensation de l'énergie réactive en MT :

La compensation en moyenne tension devient économiquement intéressante lorsque la puissance réactive à installer est supérieure à 600 kVAR.

Chapitre 5 : solution technique et recommandation

En général, elle est centralisée, les batteries étant installées dans les postes de répartition HT/MT et raccordées au jeu de barres MT par l'intermédiaire d'un disjoncteur. Leur puissance est de plusieurs Mvar.

Elle peut être fractionnée en gradins de condensateurs (figure 5.7) mis en service successivement pour obtenir une compensation optimale en fonction de la courbe de charge journalière.

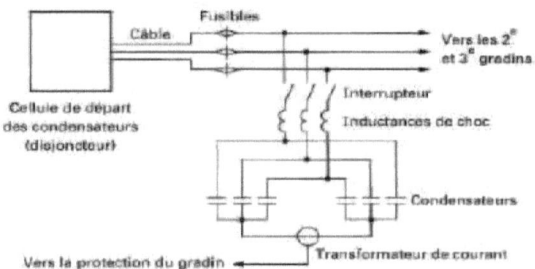

Fig.5.7 : fractionnement en gradin de la batterie de condensateur

Lorsqu'il en est ainsi, chaque gradin est manœuvré par son interrupteur spécialement prévu à cet effet (figure 5.8).

Les condensateurs des batteries peuvent être montés en double étoile, ou en étoile, ou en triangle et leur isolation à la masse correspond au niveau d'isolement du réseau. La commande de la batterie est assurée soit par des relais varmétriques, soit par des horloges. Dans quelques pays, la compensation en moyenne tension est décentralisée. On installe des petites batteries (l'équivalent d'un gradin) sur les poteaux du réseau.

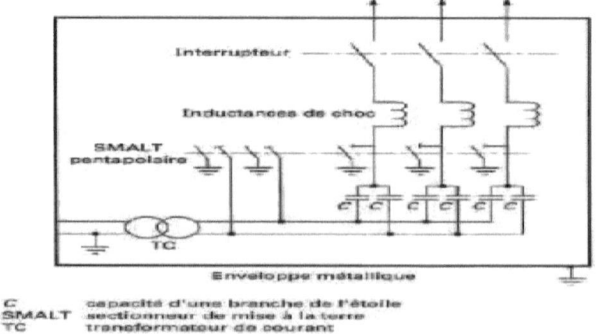

Fig.5.8 : schéma de principe du gradin

> **L'avantage** de ce système de compensation est que, lorsque les gradins ont des puissances supérieures à 600 kVAR, le coût est moindre qu'en basse tension.

> **L'inconvénient** est que ce mode de compensation ne soulage pas la partie du réseau en aval des condensateurs. L'enclenchement des gradins provoque, de plus, des surtensions. L'exploitation est plus délicate que celle des batteries à basse tension.

2.3. Compensation de l'énergie réactive en HT :

La compensation en haute tension est utilisée pour soulager la charge des lignes HT et THT et pour améliorer la stabilité de la tension.

Les batteries à haute tension sont toujours de puissance importante, environ quelques dizaines de Mvar, voire même une centaine de Mvar. Elles sont réalisées au moyen de condensateurs HT (avec l'isolement des bornes correspondant au réseau haut tension), couplées en série-parallèle et montées sur des châssis isolés.

Les batteries sont raccordées au réseau à haute tension par l'intermédiaire d'un disjoncteur remplissant de plus la fonction d'interrupteur de manœuvre. Elles ne sont pas fractionnées comme en moyenne et basse tension.

Le coût de l'infrastructure (isolateurs et rack) et de l'appareillage (disjoncteur, dispositif de décharge ou de protection) constitue une fraction importante du coût global des batteries en HT.

Dans notre cas, et vue le grand nombre de poste MT/BT qui est de 2188 poste, dispersé sur toute la région de Casablanca, il est difficile de compenser dans les postes MT/BT.

L'installation des condensateurs en HT fournie l'énergie réactive consommée par le transformateur mais ne devient rentable qu'à partir d'une puissance installé qui dépasse des dizaines voir des centaines de Mvar, vu les problèmes liées à la maintenance et l'exploitation, et ne permet pas de soulager le poste source.

L'utilisation de condensateurs MT en ligne (par secteurs) peut être souhaitable dans certains cas particuliers, mais leur mise en œuvre pose des problèmes sérieux de maintenance et d'exploitation du fait de leur dispersion géographique.

Vue ces contraintes, la solution adéquate dans notre cas est d'installer notre système de compensation dans le jeu de barre MT des postes HT/MT.

3. Utilisation des Batterie de condensateurs :

La compensation peut être réalisée avec deux familles de produits :

- les condensateurs de valeurs fixes ou batterie fixe (sur les jeux de barres dont la fluctuation de charge est faible).
- les batteries de condensateurs en gradins avec régulateur (ou batteries automatiques) qui permettent d'ajuster la compensation aux variations de consommation de l'installation.

La compensation automatique permet donc d'éviter les surtensions permanentes résultant d'une surcompensation lorsque le réseau est peu chargé.

La relation qui lie la puissance réactive et la capacité du condensateur est la suivante :

$$Q = U^2 * c * w \qquad (5.8)$$

C : capacité de la batterie.

Q : puissance de la batterie.

3.1. Calcul de la puissance réactive à installer:

La relation qui donne la puissance réactive à installer est la suivante :

$$Q_c = P * (tg\varphi - tg\varphi') \qquad (5.9)$$

Avec :

P : puissance débité

Tgφ : la tangente en heure de pointe actuelle.

Tgφ' : la tangente désirée.

On compense l'énergie réactive aux heurs de pointes pour éviter les problèmes de sous-compensation.

Tgφ' =0,1 correspond à un cosφ=0,995.

Justification :

Le choix de la valeur 0,995 est adopté pour :

- Eviter le risque de surcompensation et donc surtension sur le réseau.
- Difficulté de maintenir cos (φ)=1, surtout dans le cas d'utilisation des batteries en gradins.

Pour calculer la puissance réactive à installer, nous avons tenus compte des prévisions de l'évolution de la charge jusqu'à l'an 2020.

Postes sources	Energie réactive à installer
TIT MELLIL	23 Mvar
ZENATA	16 Mvar

Tableau 5.1 : énergie réactive à installer

3.2. Les différents types de montages des batteries :

Les types de montage les plus utilisés sont mentionnés ci-après :

1- Batterie dont les condensateurs sont connectés en étoile avec neutre mis à la terre et avec un transformateur de courant TC entre le neutre et la terre. Un déséquilibre dans la batterie produit la circulation d'un courant à travers le transformateur.

Ce type a une faible sensibilité limitée par la nécessité d'insensibiliser la détection vis-à-vis du déséquilibre de phase du réseau et des harmoniques.

Chapitre 5 :   solution technique et recommandation

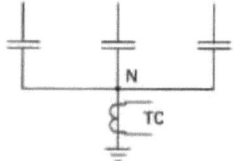

Fig.5.9 : Condensateurs connectés en étoile avec neutre mis à la terre

2- Batterie dont les condensateurs (sans fusibles ou avec fusibles internes ou avec fusibles externes) sont connectés en étoile avec le neutre isolé et avec un transformateur de tension TT entre le neutre et la terre. Une différence de potentiel entre le neutre et la terre est mesurée en cas de déséquilibre.

Ce type a une mauvaise sensibilité limitée également par la nécessité d'insensibiliser la détection vis-à-vis du déséquilibre de phase du réseau. Il est utilisé couramment avec les batteries à fusibles externes ou sans fusibles.

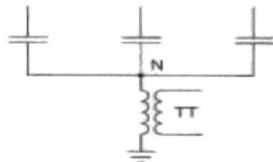

Fig.5.10 : Condensateurs connectés en étoile avec le neutre isolé

3- Batterie dont les condensateurs sont connectés en double étoile avec neutre isolé et avec un transformateur de courant TC entre les neutres. Un déséquilibre dans la batterie produit l'écoulement d'un courant dans le neutre correspondant.

Ce type a une bonne sensibilité. Il est spécialement utilisé pour les batteries à fusibles internes ou sans fusibles.

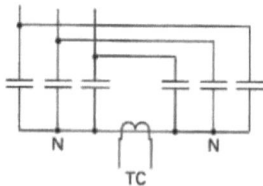

Fig.5.11 : condensateurs connectés en double étoile avec neutre isolé

4- Batterie dont les condensateurs sont connectés en étoile avec neutre isolé et avec trois transformateurs de tension entre chaque phase et le neutre et qui sont connectés en triangle éclaté. Un déséquilibre dans la batterie modifie la tension résultante du triangle éclaté.

Ce type a une sensibilité moyenne mais il est toujours affecté par le déséquilibre de phase du réseau. Il est utilisé pour les batteries à fusibles externes.

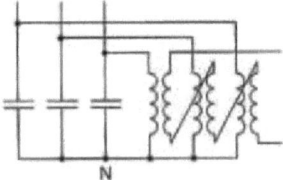

Fig.5.12 : condensateurs connectés en étoile avec neutre isolé et avec trois transformateurs de tension

5- Batterie dont les condensateurs sont connectés en étoile à neutre isolé ou à la terre avec six transformateurs de tension.

La modification de la tension en chaque point milieu de phase est mesurée par rapport à sa tension entre phase et neutre.
Ce type convient pour d'importantes batteries de condensateurs et n'est pas affecté par le déséquilibre de phase du réseau.

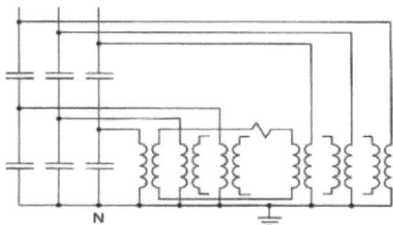

Fig.5.13 : condensateurs sont connectés en étoile à neutre isolé avec six transformateurs de tension

Solution adopté :

Le montage en double étoile avec neutre isolé est celui qui présente le plus d'avantage, et est le plus compatible avec la puissance qu'on désire installer, on a donc adopté cette solution qui d'ailleurs celle adopté sur les réseaux de l'EDF.

Tous les calculs et les réglages de protection seront basés sur ce type de montage.

3.3. Fractionnement des batteries de condensateurs en gradin :

3.3.1 Equipement des postes en batteries de condensateurs :

On installe une batterie unique ou éventuellement autant de batteries nécessaires pour que la puissance de chacune d'elles soit inférieure ou égale à 14,4 Mvar.

Dans le cas ou plusieurs batteries sont nécessaires, celles-ci seront réparties sur les jeux de barres proportionnellement aux puissances réactives appelés par le réseau correspondant.

Nous avons trouvé une puissance à installer de :

TIT MELLIL :

23 Mvar, donc on va utiliser deux batteries de condensateurs, l'une de 14,4 Mvar et l'autre de 9,6 Mvar.

ZENATA :

16 Mvar, donc on va utiliser deux batteries de condensateurs de 9,6 Mvar chacune.

3.3.2 Fractionnement en gradins :

L'installation des batteries doit satisfaire les conditions suivantes :

- Puissance unitaire des gradins aussi grande que possible mais conduisant, à leur enclenchement à un coup de tension inférieur à 5%.

- Nombre de gradins minimal pour chaque batterie afin de limiter les dépenses concernant les appareils de manœuvre.

Chapitre 5 : solution technique et recommandation

Ainsi, pour les batteries associées à des transformateurs de forte puissance tel notre cas, chaque gradin aura une puissance maximale de 4,8 Mvar.

3.4. Dimensionnement de l'inductance de choc :

3.4.1. Rôle de l'inductance de choc:

Les inductances de liaison entre les différentes batteries sont généralement très réduites (quelques mH).

C'est pourquoi une limitation des courants d'enclenchement par une inductance de choc en série avec la batterie est très généralement nécessaire.

Les inductances devront être adaptées en fonction des possibilités des fabricants et des considérations économiques.

Installation : intérieur - extérieur.

Courant permanent nominal : 1,3 à 1,5 In.

Tenue thermique aux surintensités momentanées : 30 à 50 In.

La valeur de l'inductance de choc qui tient compte de ces contraintes est donnée ci-dessus :

$$L \geq \frac{2.10^2}{3} \cdot \frac{Q}{w} \cdot \left(\frac{n}{n+1}\right)^2 \cdot \frac{1}{(I_{cretemax})^2} \qquad (5.10)$$

L : µH ; Q : Mvar ; Scc : MVA ; $I_{cretemax}$:kA

Avec :

$$I_{cretemax} = 100 * I_{cap} \qquad (5.11)$$

3.4.2. Tableau de valeur :

Les valeurs minimales des inductances de choc en fonction des gradins sont comme suit :

Valeurs en µH	Inductance de choc de chaque gradin
16	L_1
28	L_2
36	L_3
40,9	L_4
44,4	L_5

Tableau 5.2 : inductances de choc

Les valeurs les plus utilisés sont : 50, 100, 150µH.

3.5. Installation des inductances anti-harmonique :

Cela consiste à installer une inductance L en série avec la batterie de condensateurs afin de décaler la fréquence d'accord du circuit bouchon vers une valeur inférieure à l'harmonique de courant de plus faible rang.

Cela suppose la connaissance des harmoniques présents sur le réseau. Ce graphe montre le principe de fonctionnement de l'inductance anti harmonique :

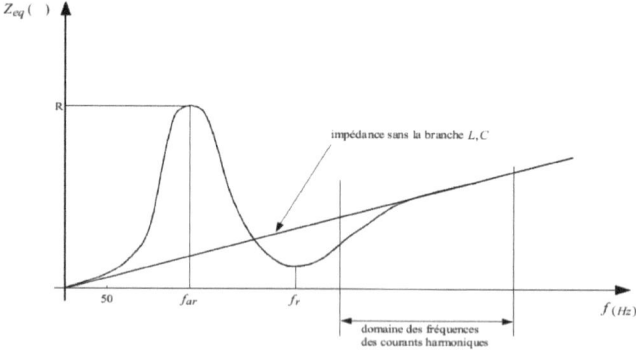

Fig.5.14 : principe de fonctionnement de l'inductance anti harmonique

Dans le domaine des fréquences des courants harmoniques, l'impédance de la branche L, C est importante par rapport à l'impédance de court-circuit. Il en résulte que les courants harmoniques passent par l'impédance de court-circuit (impédance du réseau +impédance du transformateur) et non pas par les condensateurs.

Ceux ci sont alors protégés des harmoniques de courant et n'ont donc pas besoin d'être surdimensionnés.

En l'absence des analyseurs du réseau, on doit donc se protéger contre tous les rangs d'harmonique, or on a démontré avant que les harmoniques du rang 3n et 2n sont absents sur le réseau, et que seul les harmonique 6n∓1 peuvent circuler.

Le rang le plus faible est donc l'harmonique 5.

En moyenne tension, La fréquence de résonance est choisie entre 215 Hz et 240 Hz, correspondant aux rangs 4,3 à 4,8.

La valeur utilisée est le rang 4,3.

La valeur de l'inductance anti-harmonique est donnée par la relation suivante

$$fr = \frac{1}{2\pi\sqrt{LC}} \qquad (5.12)$$

- fr est donc égale 215 HZ.
- C la capacité du condensateur.
- L est l'inductance d'anti harmonique.

Valeur en H	Inductance anti-harmonique de chaque gradin
0,0689	L_1
0,0689	L_2
0,0689	L_3
0,0689	L_4
0,0689	L_5

Tableau 5.3 : inductance anti-harmonique

NB : l'inductance anti-harmonique assure aussi la fonction d'inductance de choc.

La puissance réactive de compensation à 50 Hz de la branche L, C :

C'est la puissance réellement compensée par les condensateurs en présence de l'inductance L en série.

On a $f_r = 1/(2\pi\sqrt{LC})$ (5.13)

D'où : $LCw_r^2 = 1$ avec $w_r = 2\pi f_r$

$$LCw_0^2 \left(\frac{w_r}{w_0}\right)^2 = 1 \qquad (5.14)$$

$$LCw_0^2 = \frac{1}{p_r^2} \qquad (5.15)$$

Avec $P_r = w_r/w_0$

La puissance réactive des condensateurs de compensation à 50 Hz en présence de l'inductance est donné par :

$$Q(w_0) = \left(\frac{p_r^2}{p_r^2 - 1}\right) * Q_n = 4{,}815 \text{ MVAR} \qquad (5.16)$$

Qn : puissance réactive nominale des condensateurs lorsqu'ils sont seuls.

3.6. Protection des batteries de condensateurs:

3.6.1. Protection de l'installation:

Les disjoncteurs sont destinés à isoler la batterie du jeu de barre MT en cas de court-circuit entre phases ou phase et terre, et sont par conséquent identique à ceux installés sur les cellules « départ MT ».

Les principaux défauts qui peuvent affecter une batterie de condensateurs sont :

- la surcharge,
- le court-circuit,
- le court-circuit d'un condensateur unitaire.

Pour les batteries de condensateurs que nous avons choisis les réglages utilisés sont :

3.6.1.1. Surcharge :

Les surcharges sont détectées par une protection type image thermique (ANSI 49 RMS).

Calibre des TC choisi est : 1000/5.

Postes sources	réglage	temporisation
TIT MELLIL	817,5 A	10 min
ZENATA	545,25 A	10 min

3.6.1.2. Surtension :

Il n'est pas nécessaire d'installer une protection contre les surtensions du fait qu'elles sont déjà installées sur le réseau.

3.6.1.3. Court-circuit :

Le court-circuit est détecté par une protection à maximum de courant temporisée (ANSI 51). Les réglages de courant et de temporisation permettent de fonctionner au courant maximum de charge admissible.

Calibre des TC choisi est : 10000/5.

Postes sources	réglage	temporisation
TIT MELLIL	6290 A	0,1s
ZENATA	4194 A	0,1s

3.6.1.4. Protection contre les défauts internes :

Lorsqu'un condensateur unitaire se met en défaut, le courant absorbé par la branche de la batterie concernée augmente.

Pour l'assemblage en double étoile, un relais de protection contre les déséquilibres entre points neutres permet de détecter la circulation d'un courant dans la liaison entre ces deux points.

Chapitre 5 : solution technique et recommandation

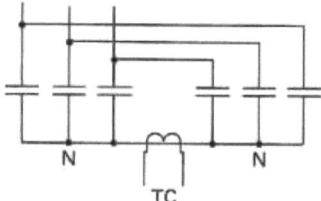

Fig.5.15 : protection contre les défauts internes

La détérioration d'éléments condensateurs provoque un déséquilibre, et donc la circulation d'un courant détectable.

Réglage de la protection différentielle :

Le réglage du seuil de fonctionnement de la protection de déséquilibre dépend :

- Du type de condensateur ;
- De la nature du liquide imprégnant.

Pour les condensateurs à imprégnant non chlorés avec fusibles internes qu'on a choisi, le courant de réglage est : 0,8 A.

La présence de fusibles internes sur les Condensateurs est une amélioration qui permet une bonne continuité de service. La batterie assure encore sa fonction même avec plusieurs éléments déconnectés.

NB : chaque gradin devra être contenu dans un châssis en acier, isolé du sol par des isolateurs.

Temporisation de la protection différentielle :

L'ordre d'ouverture de l'interrupteur du gradin par la protection différentielle est temporisé à une valeur fixe 0,25s de telle façon qu'en cas d'apparition simultanée d'un défaut phase ou terre, et d'un défaut « déséquilibre », l'ouverture de l'interrupteur de gradin ne puisse s'effectuer qu'après déclenchement effectif de disjoncteur.

3.6.1.5. Protection des gradins par fusible :

Le calibre des fusibles est de 1,7 fois le courant nominal de la batterie de condensateurs (selon la norme CEI 60282).
On a :

$$I_n = \frac{Q}{\sqrt{3}*U} \qquad (5.17)$$

Donc :
TIT MELLIL : I_c=1069A et pour chaque gradin : I_{cg}=214 A.
ZENATA : I_c=713A et pour chaque gradin I_{cg}=214 A.

Donc nous allons utiliser des fusible 250 A.
    La protection par fusible est efficace contre les courts-circuits sur le circuit de branchement de la batterie au réseau.

Sectionneur d'entrée :

    On utilise un sectionneur de 800 A d'entrée pour les départs condensateurs afin d'isoler ce dernier en cas de manœuvre sur notre système.

3.7. Relais varmétriques de commande :

3.7.1. Installation :

Le régulateur varmétriques sera connecté au réseau comme suit :

- Tension PP (Phase – Phase) :

TC branché sur la troisième phase Pour le câblage PP, le réglage normal doit être L2-L3 pour la tension et L1 pour le courant.

Chapitre 5 : solution technique et recommandation

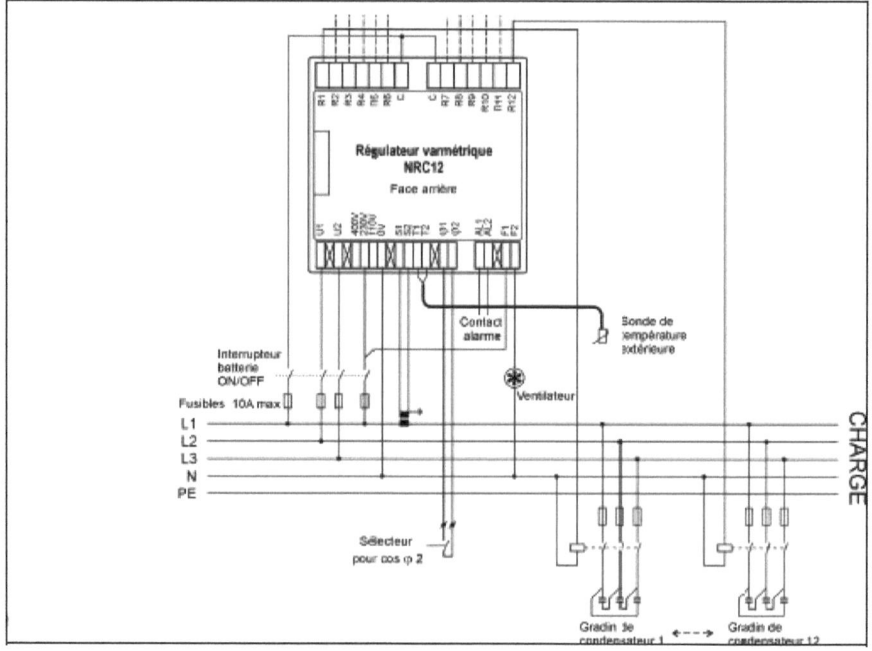

Fig.5.16 : régulateur varmétrique NRC 12

Notes pour l'installation:

Un interrupteur ou un disjoncteur doivent être prévus dans l'installation. Celui-ci doit être situé à proximité de l'équipement et doit être accessible facilement par un opérateur. Il doit être identifié comme moyen d'isolation de l'équipement. Un interrupteur ou disjoncteur utilisé comme moyen de sectionnement doit être conformes aux prescriptions de la CEI 60947-1 et CEI 60947-3.

Un dispositif de protection de surintensité, qu'est un fusibles de calibre 10 A, doit être installé dans le circuit d'alimentation.

3.7.2. Détermination du courant de réponse :

Normalement, le courant de réponse, plus généralement appelé valeur C/K est défini automatiquement lors de la séquence Réglage Auto, mais il existe des cas où cette valeur doit être entrée manuellement.

La valeur correcte peut être calculée en utilisant une formule faisant appel à la puissance du premier gradin, à la tension du réseau et au rapport de transformation du TC :

$$\frac{C}{K} = \frac{Q1}{\sqrt{3}*\frac{I1}{5}*U_{LL}} \tag{5.18}$$

Avec : Q1 = puissance du 1er gradin en Var.

U_{LL} = tension entre phases en volts.

$I_1/5A$ = rapport de transformation du TC.

3.7.3. Programmes de régulation :

L'algorithme de calcul du régulateur va essayer d'atteindre le cos phi cible dans un intervalle de tolérance lié aux valeurs de C/K. Il atteint la valeur en commandant les contacts de commande des gradins adéquats.

Les programmes de régulation prennent en compte les puissances des gradins :

Programme :

Tous les gradins sont de taille similaire. Les séquences de connexion obéissent à un principe "last-in-first-out" (LIFO). Le premier gradin connecté sera le dernier déconnecté et vice versa. « Voir Tableau ».

Besoin de gradins	1	2	3	4	5	6
+	X					
+	X	X				
+	X	X	X			
+	X	X	X	X		
+	X	X	X	X	X	
+	X	X	X	X	X	X
-	X	X	X	X	X	
-	X	X	X	X		
-	X	X	X			
-	X	X				
+	X	X	X			
+	X	X	X	X		
-	X	X	X	X		
-	X	X	X			
-	X	X				
-	X					

Fig.5.17 : programme linéaire du régulateur varmétrique

Chapitre 5 : solution technique et recommandation

Caractéristique du relai :

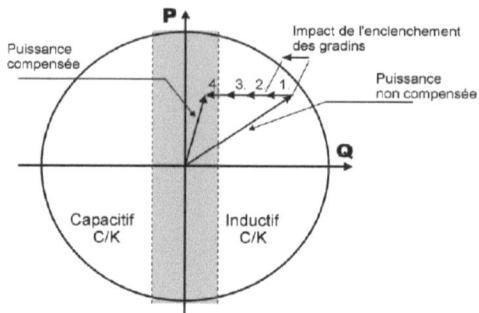

Fig.5.18 : caractéristique du relais varmétrique

Le délai de sécurité (ou de reconnexion) doit être adapté au temps de décharge des condensateurs ; la valeur la plus courante est de 600 secondes (10 minutes). La valeur par défaut du temps de reconnexion est adaptée aux variations de la charge. L'utilisation du temps de reconnexion trop court peut provoquer des claquages de condensateurs.

3.8. Exploitation des batteries de condensateurs :

3.8.1. Mise en service :

Avant la mise en service d'une batterie il y a lieu de procéder aux contrôles préliminaires suivants :

- Vérifier toute les liaisons électriques (connexions au niveau des condensateurs, raccordements des fusibles, connexions au niveau des appareillages).
- Vérifier les liaisons du circuit de terre.
- S'assurer que l'équilibrage des gradins a été effectué lors de l'installation.
- Vérifier le rapport du TC et le réglage de la protection ampèremétrique.
- Vérifier le réglage et le fonctionnement des protections à maximum d'intensité du départ « condensateurs » ainsi que l'automatisme de manœuvre des gradins.

3.8.2. Manœuvres à effectuer pour accès à la batterie de condensateurs :

Toute intervention sur les condensateurs doit être précédée par une mise hors service de la batterie :

Chapitre 5 : solution technique et recommandation

- Ouverture du disjoncteur « départ condensateurs » du tableau MT.
- ouverture des différents gradins avec un espacement supérieur à la minute pour éviter des fluctuations de tension trop importantes et pour laisser agir la régulation de tension.
- Ouverture du sectionneur d'entrée de la batterie de condensateur.
- Fermeture du sectionneur de mise à la terre de la cellule disjoncteur et verrouillage dans cette position.
- Fermeture du sectionneur de mise à la terre de la chassie qui permet l'accès à l'intérieur de l'enveloppe.

Pour rétablir le service, on procède de façon inverse à ce qui est signalé.

3.9. Maintenance des batteries de condensateurs :

3.9.1. Visites d'exploitation :

Tous les ans :

- Ouverture des enveloppes métallique.
- Vérification de fuite de diélectrique.
- l'enlèvement des dépôts de poussière, le nettoyage de toutes les pièces, les retouches (peinture) de parties métalliques si nécessaire ;
- la vérification de l'état des fusibles ;
- la vérification des connexions et le fonctionnement des sectionneurs ;
- la vérification du fonctionnement du régulateur (se reporter au manuel de celui-ci) ;
- la vérification de la température ambiante et de la ventilation du matériel ;
- le nettoyage des grilles d'aération doit être vérifié régulièrement, la fréquence des contrôles est sous la responsabilité de l'utilisateur.

3.9.2. Maintenance des unités condensateurs:

Les claquages des éléments étant aléatoires, il sera nécessaire de contrôler périodiquement la capacité de chaque appareil. Cette périodicité pourra être de trois à cinq ans avec un contrôle obligatoire en fin de garantie.

Chapitre 5 : solution technique et recommandation

- Fin de période de garantie :

    Tout condensateur dont la capacité réelle aura diminué d'au moins 3% sera déposer et remplacé au titre de la garantie.

- Contrôle périodique :

    On déposera tous les condensateurs dont la capacité aura suffisamment diminué, c'est-à-dire, les appareils ayant 3 ou 4 éléments déconnectés ; la diminution de capacité est de l'ordre de 10 à 15%.

3.9.3. Gestion des défauts :

En cas de défauts déséquilibre, de surcharge ou de court-circuit le disjoncteur de la cellule de tète s'ouvre, il sera nécessaire de mesurer la capacité des condensateurs de la batterie concernée et de comparer ces valeurs à celle du certificat d'essais correspondant afin d'isoler le ou les éléments défectueux.ces appareils doivent être impérativement remplacés avant une nouvelle mise sous tension.

L'équipement ne pourra être remis sous tension qu'après réparation et acquittement du défaut.

En cas de température trop élevée, le disjoncteur de la cellule de tète s'ouvre, il sera nécessaire de vérifier le fonctionnement des ventilateurs, l'état de la self, de la sonde thermique de cette dernière.

L'équipement ne pourra être remis sous tension qu'après réparation et acquittement du défaut.

3.9.4. Remplacement d'un condensateur

Si un condensateur doit être remplacé (fuite, isolateur cassé…) pour un câblage double étoile, l'équilibrage de la batterie devra être vérifié.

Lors du changement d'un condensateur, suivre les instructions suivantes doit être respecté :

- Ne jamais manipuler un condensateur par les bornes, utiliser les pattes de fixation ;
- Ne pas modifier l'emplacement initial du condensateur dans la cellule ;

- Les causateurs doivent être installé dans un endroit bien ventilé ;
- La température ambiante doit être dans la plage de température donnée par la norme CEI ;
- Les connexions doivent être réalisées avec une section de câble appropriée ;
- Pour les autres composants constituant la batterie se référer à leur propre notice de maintenance ;
- En général, en cas de court-circuit, il est recommandé de revérifier le serrage de toutes les connexions électriques.

3.9.5. Elaboration d'une fiche de maintenance préventive :

Une absence de maintenance préventive des batteries de condensateurs peut entrainer une dégradation de notre installation, et même favoriser les risques aux personnes et aux biens.

Planifier des inspections annuelles et les faire réaliser par un personnel qualifié sont les solutions pour assurer à la fois une haute qualité de l'énergie électrique et la sécurité de l'installation.

Lien entre disponibilité et maintenance préventive :

La disponibilité des batteries de condensateurs est la période pendant laquelle ils fonctionnent correctement et peuvent être utilise.

La formule définissant la disponibilité est la suivante :

$$A = (\frac{MTBF}{MTBF + MTTR}) * 100 = \left(1 - \frac{MTTR}{MTBF + MTTR}\right) * 100 \cong \left(1 - \frac{MTTR}{MTBF}\right) * 100 [\%]$$

Ou : MTBF (en anglais : Mean Time Between Failure) est une valeur statistique qui mesure le temps moyen entre deux défaillances.

Et : MTTR (en anglais : Mean Time To Repair) est la durée moyenne nécessaire aux réparations. Des que l'indisponibilité est constatée, elle inclut le temps nécessaire au diagnostic, a l'approvisionnement en pièces détachées et aux réparations elles-mêmes.

Afin de maximiser la disponibilité, il est donc nécessaire d'agir sur le MTBF et le MTTR. Ce dernier doit être le plus réduit possible.

Pour ce faire, il faut :

- Surveiller les systèmes d'alarme et de diagnostic.
- S'équiper des pièces de rechange à disposition ainsi qu'une conception soignée du système permettent un accès facile aux composants pour un remplacement rapide.

A l'opposé, le MTBF doit être aussi long que possible. Pour cela on doit agir sur :

- la qualité des composants du système conforme au cahier de charge, et aux normes en vigueur.
- la maintenance préventive qui permettra d'anticiper l'apparition de problèmes récurrents.
- des inspections régulières et approfondies du site et de son installation (qui permettront de détecter tout indice d'un possible dysfonctionnement avant qu'il ne cause un arrêt du service).

Pour ce faire on va élaborer une fiche technique de maintenance préventive, qui regroupera l'historique des interventions et des incidents de notre installation.

Cette fiche sera utilisée pour le diagnostic de l'état du système, et rassemblera l'historique de la maintenance.

Articles	Consignes et valeurs
Temps de décharge	
Capacité des gradins	
Etat de la protection	
Equilibrage des gradins	
Liaisons électriques	
Pièces rechangés	
Durée de l'intervention	
Cout d'intervention	
Nom de l'agent	

Chapitre 5 : solution technique et recommandation

4. apport de la compensation de l'énergie réactive :

4.1. Diminution de la chute de tension dans les postes sources:

Les chutes de tension après installation de notre système de compensation de l'énergie réactive pour les postes TIT MELLIL et ZENATA sont les suivants :

Postes sources	Chute de tension %
TIT MELLIL	4,25
ZENATA	4,17

Tableau 5.4 : chutes de tension après compensation

On constate que les chutes de tension ont diminué de 3,35% pour le poste de TIT MELLIL et de 3,93% pour le poste de ZENATA.

- Déplacement parallèle de la courbe (L, V) dans les lignes.
- Le gain en pertes joules sur le réseau HT (difficile à évaluer).

4.2. Accroître la puissance disponible au secondaire du transformateur:

La puissance active disponible au secondaire d'un transformateur est d'autant plus élevée que le facteur de puissance de sa charge est grand.

Il est par conséquent possible d'élever le facteur de puissance pour éviter l'achat d'un nouveau transformateur.

Postes sources	Puissance active avant compensation (MW)	Puissance active disponible après compensation (MW)
TIT MELLIL	36,8	39,8
ZENATA	35,93	39,8

Tableau 5.5 : puissance disponible au secondaire des transformateurs

Chapitre 5 : solution technique et recommandation

L'installation de notre compensation nous a permit une extension de la puissance disponible de 3 MW pour le poste TIT MELLIL et de 3,87 MW pour le pour le poste de ZENATA.

Conclusion :

Dans ce chapitre, nous avons présenté les différents systèmes de compensation de l'énergie réactive. Nous avons constaté que la solution adéquate est l'installation des batteries de condensateur sur le jeu de barre MT du poste 60 / 22 kV.

Nous avons par suite détaillée l'installation, la protection, la commande et la maintenance de condensateurs.

5. Etude technico-économique :

5.1. Gain après la mise en place des solutions :

Après la mise en place des solutions on a augmenté la puissance active disponible au secondaire des postes source TIT MELLIL et ZENATA de 6,87 MW.

Nous avons utilisés le prix d'un KWh de pertes en énergie active qui est de 0,252DH / KWh. (Prix fixé par l'ONE).

Donc on obtient un gain de : 1,64 GWh*0,252DH / KWh.

Gain = 415000 DH.

5.2. Evaluation du cout des investissements :

> Poste TIT MELLIL :

Désignation	Montant en DIRHAMS
Fournitures	29606
Equipements électrique	246485
Batteries de condensateurs	2400000
Plate forme génie civil	23853
Partie BT	264628
Montage	134344
Contrôle, vérification et essai	12690
Total hors taxe: 3111606	
Total TTC : 43562484	

Tableau 5.6 : cout des investissements au poste TIT MELLIL

Chapitre 5 : solution technique et recommandation

➢ **Poste de ZENATA :**

Désignation	Montant en DIRHAMS
Fournitures	29606
Equipements électrique	246491
Batteries de condensateurs	1600000
Plate forme génie civil	23853
Partie BT	183773
Montage	131684
Contrôle, vérification et essai	12690
Total hors taxe: 2228097	
Total TTC : 31193358	

Tableau 5.7 : Cout des investissements au poste ZENATA

5.3. Délai de retour d'investissement :

Le délai de retour d'investissement est calculé par la formule suivante :

$$DRI = \frac{investissement\ total}{bénéfice\ mensuel}$$

On a le cout total d'investissement est de **7,48 MDH.**

Le gain mensuel est de **415000 DH.**

Donc : **DRI = 18.**

Donc le retour d'investissement est de 18 mois.

6. Recommandation :

- Imposer aux industrielles l'installation de filtre anti-harmonique.
- Installer des analyseurs de réseau.
- Installer des filtres actifs sur le réseau MT ONE.
- Compenser l'ensemble des postes en prenant en compte l'évolution de la charge.
- Imposer aux industriels un facteur de puissance qui correspond à 0,925.
- Encourager les industriels à supprimer les jours de pointes.

Conclusion :

Dans le cadre de ce projet de fin d'études, notre travail consiste en la compensation de l'énergie réactive sur le réseau de distribution MT de l'ONE Casablanca.

L'analyse de l'état actuel du réseau de distribution MT de l'ONE Casablanca en utilisant la méthode ABC montre que les postes TIT MELLIL et ZENATA nécessite une compensation de l'énergie réactive.

Grace à la solution adoptée on a pu :

- Diminuer les chutes de tension dans les postes sources et le réseau MT.
- Augmenter la puissance disponible dans les postes sources.

D'où un gain mensuel de : 415000 DH, avec un retour d'investissement sur 18 mois.

Il reste à signaler de recommander aux industriels d'augmenter leur facteur de puissance à 0,925, et supprimer les jours de pointes.

Bibliographie :

[1] : Guide de conception des réseaux électriques industriels, Schneider-Electric, 7 : la compensation de l'énergie réactive. 6 883 427/A.

[2] : Magister en Electricité industrielle Option : Réseaux Electriques présentée par CHERIF FETHA.

[3] : Optimal de dispositif FACTS dans un réseau électrique ; Thèse n° 2742, école polytechnique fédérale de Lausanne, pour l'obtention de grade de docteur.

[4] : Document technique Schneider-Electric, régulateur varmétrique NRC 12 pour batteries de condensateurs MT.

[5] : Conception du système : P. LADOUX, G. OLLÉ ; Compensateur d'harmoniques et de puissance réactive.

[6] : ELEC 88, colloque international : compensation par batterie de condensateur EDF.

[7] : guide technique réseau de distribution EDF, matériels de réseaux ; condensateurs MT et appareillage annexe.

[8] : EDF, direction des études et recherche, production d'énergie réactive par condensateurs moyenne tension.

[9] : guide de la protection Merlin Gerin des batteries de condensateurs.

[10] : cour d'analyse fonctionnelle de Madame NECHAD.

[11] : technique d'ingénieur : contrôle dynamique de puissance réactive. Dispositif statique. D 4317.

[12] : cahier technique Schneider-Electric 189 : manœuvre et protection des batteries de condensateurs MT.

Annexe 1 : longueurs des départs MT et nombre de postes clients et postes ONED

EQUIPE LMT	DEPART	LONG_AERIEN Km	LONG_SOUT Km	NBR PT CLIENT	NBR PT ONED	TOTAL PT
CASA/OUEST	BOUSK-B_E_KHEIR	15,78	3,429	18	6	24
	BOUSK-DAR_SRID	41,332	4,419	115	29	144
	BOUSK-D_BOUAZZA	19,392	1,421	20	11	31
	BOUSK-ILOT_CIVI	7,52	1,407	25	5	30
	BOUSK-ISCAE	15,419	4,926	35	14	49
	BOUSK-JOUALA	55,182	1,4	35	25	60
	BOUSK-NOUASSER	7,675	1,225	14	7	21
	BOUSK-PIB_1	0,952	0,96	8	1	9
	BOUSK-PIB_2	0	6,642	29	7	36
	BOUSK-S_MAROUF	9,091	4,279	17	13	30
	BOUSK-ZI_SALAH1	0	12,681	34	5	39
	BOUSK-ZI_SALAH2	0	9,099	34	2	36
	BOUSK-SOTHEMA	0	2,7	1	0	1
	O_AZOZ-BOUSKORA	7,623	0,032	6	2	8
	O_AZOZ-D_BOUAZA	54,236	2,174	46	32	78
	O_AZOZ-D_ROYAL	41,735	5,062	60	44	104
	O_AZOZ-KHOUZAMA	17,335	19,253	50	50	100
	O_AZOZ-KSAR NOUZHA	2,008	22,989	9	17	26
	O_AZOZ-LSASFA_1	10,465	8,695	29	14	43
	O_AZOZ-LSASFA_2	14,327	4,905	32	13	45
	O_AZOZ-NASSIM	16,937	2,585	24	8	32
	O_AZOZ-SOMASTEL 1	0	0,299	1	0	1
	O_AZOZ-SOMASTEL 2	0	0,298	1	0	1
	O_AZOZ-Z_INDUST	30,37	16,646	45	44	89
	S_MAAR-ESSAADA	0,232	21,734	21	55	76
	S_MAAR-FACEMAG	0	2,24	3	2	5
	S_MAAR-LACOLINE	0	25,725	29	50	79
	S_MAAR-LINA	0	14,447	27	14	41
	S_MAAR-LALA SOUKAINA	0	2,97	0	3	3
	S_MAAR-NASSIM	2,495	6,92	6	22	28
	S_MAAR_B_KHEIR	0	6,45	16	0	16
	S_MAAR_LISSASFA	2,36	6,058	26	2	28
	S_MAAR_MEDERSA	0,009	6,22	16	2	18
	S_MAAR_R_LAHLAL	11,258	0,474	28	2	30
	TOTAL EQUIPE LMT/CASA/OUEST	383,733	230,76	860	501	1361

Annexe 1 : longueurs des départs MT et nombre de postes clients et postes ONED

EQUIPE LMT	DEPART	LONG_AERIEN Km	LONG_SOUT Km	NBR PT CLIENT	NBR PT ONED	TOTAL PT
CASA/EST	T_MELI-ANASSI	18,058	5,144	15	17	32
	T_MELI-AVIATION	21,762	7,094	62	32	94
	T_MELI-DAR_SRDJ	26,816	2,634	46	23	69
	T_MELI-EL_GARA	58,071	5,47	79	36	115
	T_MELI-MEDIOUNA	66,501	8,568	80	37	117
	T_MELI-NOUASSER	42,428	1,731	61	19	80
	T_MELI-Z_INDUS	0,45	13,01	19	5	24
	ZENATA-ANASSI	0	3,94	0	9	9
	ZENATA-AVIATION	6,906	1,142	2	16	18
	ZENATA-AZHAR_1	0	8,909	1	21	22
	ZENATA-AZHAR_2	0	6,405	5	12	17
	ZENATA-GONVARI	0	5,409	9	1	10
	ZENATA-SALAM TR B1	0	4,21	0	4	4
	ZENATA-SALAM TR B2	0	4,08	0	3	3
	ZENATA-SOMACA1	0	2,495	4	0	4
	ZENATA-SOMACA2	0	1,5	0	0	0
	NOUAC-AIRCELLE	0	8,215	1	0	1
	NOUACEUR-BOUSKOURA	42,928	8,508	36	17	53
	NOUACEUR-TIT MELLIL	11,813	1,294	8	5	13
	NOUACEUR-MEDIOUNA	23,966	4,064	32	13	45
	NOUACEUR-SAPINO 1	0	10,962	5	9	14
	NOUACEUR-SAPINO 2	0	23,977	14	4	18
	NOUACEUR-SAPINO 3	0	7,905	1	8	9
	NOUACEUR-SAPINO 4	0	8,735	0	5	5
	NOUACEUR TECHNOPOLE 1	0	8,603	17	0	17
	NOUACEUR TECHNOPOLE 2	0	8,322	23	3	26
	NOUACEUR-POLE URBAIN 1	0	3,69	2	5	7
	NOUACEUR-POLE URBAIN 2	0	0,28	0	1	1
	TOTAL EQUIPE LMT/CASA/EST	319,699	176,3	522	305	827

Annexe 2 : Puissance installée et courant de charge dans chaque départ.

EQUIPE LMT	DEPART	PUIS.INST.	I charges
CASA/OUEST	BOUSK-B_E_KHEIR	9,665	
	BOUSK-DAR_SRID	29,601	169
	BOUSK-D_BOUAZZA	6,008	105
	BOUSK-ILOT_CIVI	11,555	80
	BOUSK-ISCAE	11,95	47
	BOUSK-JOUALA	11,2	39
	BOUSK-NOUASSER	7,36	35
	BOUSK-PIB_1	3,01	
	BOUSK-PIB_2	13,77	62
	BOUSK-S_MAROUF	8,04	106
	BOUSK-ZI_SALAH1	29,179	180
	BOUSK-ZI_SALAH2	14,765	196
	BOUSK-SOTHEMA	6,06	65
	O_AZOZ-BOUSKORA	22,78	109
	O_AZOZ-D_BOUAZA	16,26	99
	O_AZOZ-D_ROYAL	28,855	96
	O_AZOZ-KHOUZAMA	38,598	
	O_AZOZ-KSAR NOUZHA	9,01	44
	O_AZOZ-LSASFA_1	20,955	161
	O_AZOZ-LSASFA_2	13,695	128
	O_AZOZ-NASSIM	6,635	71
	O_AZOZ-SOMASTEL 1	5,2	21
	O_AZOZ-SOMASTEL 2	8,7	48
	O_AZOZ-Z_INDUST	25,723	
	S_MAAR-ESSAADA	27,172	211
	S_MAAR-FACEMAG	13,01	159
	S_MAAR-LACOLINE	36,034	150
	S_MAAR-LINA	13,865	71
	S_MAAR-LALA SOUKAINA	2,8	
	S_MAAR-NASSIM	9,105	40
	S_MAAR_B_KHEIR	9,595	114
	S_MAAR_LISSASFA	15,346	164
	S_MAAR_MEDERSA	14,105	132
	S_MAAR_R_LAHLAL	10,435	
	TOTAL EQUIPE LMT/CASA/OUEST		

Annexe 2 : Puissance installée et courant de charge dans chaque départ.

EQUIPE LMT	DEPART	PUIS.INST.	I charge
CASA/EST	T_MELI-ANASSI	9,72	35
	T_MELI-AVIATION	32,245	184
	T_MELI-DAR_SRDJ	18,73	156
	T_MELI-EL_GARA	29,055	169
	T_MELI-MEDIOUNA	37,08	223
	T_MELI-NOUASSER	24,555	167
	T_MELI-Z_INDUS	9,135	53
	ZENATA-ANASSI	3,615	94,8691465
	ZENATA-AVIATION	2,68	70,3317601
	ZENATA-AZHAR_1	11,121	291,850561
	ZENATA-AZHAR_2	16,4	
	ZENATA-GONVARI	7,59	199,185843
	ZENATA-SALAM TR B1	2	52,4863881
	ZENATA-SALAM TR B2	1,5	
	ZENATA-SOMACA1	13,74	
	ZENATA-SOMACA2	secoure	
	NOUAC-AIRCELLE	3	
	NOUACEUR-BOUSKOURA	12,17	54
	NOUACEUR-TIT MELLIL	2,38	95
	NOUACEUR-MEDIOUNA	10,175	97
	NOUACEUR-SAPINO 1	7,013	28
	NOUACEUR-SAPINO 2	10,705	25
	NOUACEUR-SAPINO 3	7,35	
	NOUACEUR-SAPINO 4	4,1	
	NOUACEUR TECHNOPOLE 1	12,095	119
	NOUACEUR TECHNOPOLE 2	22,86	61
	NOUACEUR-POLE URBAIN 1	3,94	9
	NOUACEUR-POLE URBAIN 2	0,4	
	TOTAL EQUIPE LMT/CASA/EST		

Annexe 3: Caractéristique des câbles MT-almélec: norme NFC 34 125 :

Section (mm2)	Composition (nbre fils*D(mm))	Diamètre extérieure (mm)	Masse (Kg/Km)	Charge rupture (daN)	Résistance électrique Ohm/Km	Intensité (A)
34,4	7*2,5	7,5	108	1105	0,958	137
54,5	7*3,15	9,45	155	1755	0,603	184
75,5	19*3,15	11,25	218	2430	0,438	228
148,1	13,5	15,75	425	4765	0,224	353
181,6	37*2,5	17,5	522	5845	0,183	403
288,34	37*3,15	22,05	827	9280	0,115	544
366,2	37*3,55	27,85	1052	11785	0,0005	636

Annexe 4 : Prévision de la demande en puissance active

ANNEE	TIT MELLI (MW)	ZENATA (MW)
2011	47,352	38,339
2012	50,008	39,004
2013	52,632	39,621
2014	55,222	40,190
2015	57,778	40,714
2016	60,299	41,192
2017	62,787	41,628
2018	65,239	42,023
2019	67,656	42,377
2020	70,039	42,693
2021	72,385	43,339
2022	74,697	44,004
2023	76,972	44,621
2024	79,211	45,190
2025	81,415	45,714
2026	83,582	46,192

Annexe 5 : Chute de tension et pertes joule sur le réseau MT

POSTE	NOM DU DEPART	PERTES JOULES	CHUTES DE TENSION
Poste Zenta	ZENATA-ANASSI	95.45 kW	9,94
	ZENATA-AVIATION	338.45 kW	7,95
	ZENATA-AZHAR_1	92.66 kW	8,72
	ZENATA-AZHAR_2	33.70 kW	9,97
	ZENATA-GONVARI	8.69 kW	9,98
	ZENATA-SALAM_B2	5.27 kW	9,99
	ZENATA-SOMACA1	96.82 kW	9,94
poste Sidi Maarouf	S_MAAR_B_KHEIR	158.66 kW	9,84
	S_MAAR-ESSAADA	583.22 kW	8,38
	S_MAAR-FACEMAG	114.41 kW	9,95
	S_MAAR-LACOLINE	514.25 kW	9,44
	S_MAAR-LINA	439.50 kW	9,59
	S_MAAR_LISSASFA	627.72 kW	9,67
	S_MAAR_MEDERSA	204.23 kW	9,83
	S_MAAR-NASSIM	117.41 kW	9,76
	S_MAAR_R_LAHLA	18.13 kW	9,9
Poste Bouskoura	BOUSK-D_BOUAZZA	498.91 kW	9,2
	BOUSK-DAR_SRID	789.98 kW	7,22
	BOUSK-ILOT_CIVI	198.94 kW	8,65
	BOUSK-ISCAE	580.67 kW	8,11
	BOUSK-JOUALA	70.92 kW	8,7
	BOUSK-NOUASSER	41.88 kW	9,94
	BOUSK-PIB_2	27.19 kW	9,94
	BOUSK-ZI_SALAH1	519.05 kW	9,52
	BOUSK-ZI_SALAH2	404.96 kW	9,71
	BOUSK-S_MAROUF	604.69 kW	9,42

Annexe 5 : Chute de tension et pertes joule sur le réseau MT

POSTE	NOM DU DEPART	PERTES JOULES	CHUTES DE TENSION
OULAD AZZOUZ	OULED AZZOUZ-Bouskoura	833.28 kW	8,37
	OULED AZZOUZ-dar bouazza	451.50 kW	7,72
	OULED AZZOUZ-domaine royale	556.11 kW	7,55
	OULED AZZOUZ-khouzama	694.71 kW	8,79
	OULED AZZOUZ-Lissasfa 1	513.91 kW	8,23
	OULED AZZOUZ-Lissasfa 2	652.74 kW	7,79
	OULED AZZOUZ-Nassim	259.38 kW	9,62
	OULED AZZOUZ-nouzha	851.71 kW	9,12
	OULED AZZOUZ-somasteel1	7.62 kW	9,5
	OULED AZZOUZ-somasteel2	12.68 kW	9,5
TIT MELLIL	OULED AZZOUZ-zone industrielle	515.86 kW	8,25
	TIT MELLIL-annassi	13.69 kW	8,91
	TIT MELLIL-aviation	212.15 kW	8,61
	TITMELLIL-dar sridj	214.39 kW	8,58
	TIT MELLIL-gara	528.73 kW	7,71
	TIT MELLIL-mediouna	381.48 kW	8,65
	TIT MELLIL-nouaceur	653.91 kW	7,77
	TIT MELLIL-zone industrielle	21.11 kW	9,96
NOUACEUR	NOUACEUR-aircell	84.67 kW	8,77
	NOUACEUR-bouskoura	95.65 kW	8,77
	NOUACEUR-mediouna	204.42 kW	8,5
	NOUACEUR-pole urbain 1	1.78 kW	9,72
	NOUACEUR-sapino1	16.04 kW	9,65
	NOUACEUR-sapino3	3.54 kW	9,68
	NOUACEUR-sapino4	2.06 kW	9,69
	NOUACEUR-technopole1	79.31 kW	9,72
	NOUACEUR-technoplole2	74.88 kW	9,67
	NOUACEUR-titmellil	330.27 kW	7,84

I want morebooks!

Oui, je veux morebooks!

Buy your books fast and straightforward online - at one of the world's fastest growing online book stores! Environmentally sound due to Print-on-Demand technologies.

Buy your books online at
www.get-morebooks.com

Achetez vos livres en ligne, vite et bien, sur l'une des librairies en ligne les plus performantes au monde!
En protégeant nos ressources et notre environnement grâce à l'impression à la demande.

La librairie en ligne pour acheter plus vite
www.morebooks.fr

OmniScriptum Marketing DEU GmbH
Bahnhofstr. 28
D - 66111 Saarbrücken
Telefax: +49 681 93 81 567-9

info@omniscriptum.com
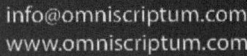

Printed by Books on Demand GmbH, Norderstedt / Germany